无线电科普丛书

U0267604

业余卫星通信

张宁 主编

黄标 李恒志 审校

Amateur
Satellite
Communications

人民邮电出版社

北 京

图书在版编目（C I P）数据

业余卫星通信 / 张宁主编. -- 北京：人民邮电出
版社，2024.4
（无线电科普丛书）
ISBN 978-7-115-60906-9

Ⅰ. ①业… Ⅱ. ①张… Ⅲ. ①卫星通信－普及读物
Ⅳ. ①TN927-49

中国国家版本馆CIP数据核字(2023)第001464号

内 容 提 要

业余卫星通信是利用人造地球卫星开展的业余无线电通信活动，是一种可以使无线电信号实现超视距传播的现代化通信方式，也是最简便的体验卫星通信全过程的有效手段之一。作为业余无线电的重要组成部分，卫星通联是业余无线电通信发展史上重要的里程碑。大量业余卫星的发射，引发了业余无线电爱好者研究和探索卫星通信的极大兴趣，推动了业余无线电技术的迅速发展。

本书用深入浅出的语言讲述了业余卫星通信发展的历史，讲解了卫星通信的基本原理、主要特点和卫星的系统组成，介绍了当前在轨的业余卫星和业余卫星通信的操作方法，分享了组建地球站开展业余卫星通联的经验，力求帮助业余无线电爱好者选择合适的通联卫星和地球站设备，能够亲身体验业余卫星通联的乐趣。

本书作为科普读物，主要面向青少年科技爱好者和业余无线电爱好者，普及业余卫星通信的相关知识，也可作为学校开展业余无线电兴趣活动、研学实践等的参考书。

◆ 主　　编　张　宁
　　责任编辑　哈　爽
　　责任印制　马振武
◆ 人民邮电出版社出版发行　　北京市丰台区成寿寺路 11 号
　　邮编　100164　　电子邮件　315@ptpress.com.cn
　　网址　https://www.ptpress.com.cn
　　三河市君旺印务有限公司印刷
◆ 开本：700×1000　1/16
　　印张：12.75　　　　　　　2024 年 4 月第 1 版
　　字数：135 千字　　　　　　2025 年 4 月河北第 2 次印刷

定价：89.80 元

读者服务热线：(010)53913866　印装质量热线：(010)81055316
反盗版热线：(010)81055315

编 委 会

序

　　"无线电科普"丛书是由国家无线电监测中心编写的。他们对无线电监测技术和无线电频谱管理业务的了解，使得该丛书无论从技术方面还是从管理方面都更有分量。

　　今年恰逢中国共产党成立 100 周年，红色电波记录着我党通信尖兵们在革命战争年代和新中国成立后的重要贡献。1941 年，毛泽东主席为《通信战士》题词"你们是科学的千里眼顺风耳"，高度概括了通信的功能和重要作用。从习近平总书记在 1994 年担任福建省委常委、福州市委书记时提出"发展经济，通信先行"，到 2015 年党的十八届五中全会擘画建设"网络强国"的宏伟蓝图，通信的重要性可见一斑。

　　从落后到领先，我国通信网络规模现在是全球之首，互联网普及率超过全球平均水平，推动了全球信息化的进程。从追赶到领跑，我国通信技术创新勇立全球潮头，越来越多的中国标准正逐渐成为世界标准。通信网络的发展，已经从制约国民经济的瓶颈，迅速成长为带动科技发展、提升经济运行效率和人民生活水平的新引擎。

　　如果说信息通信是经济社会发展的"大动脉"，那么无线电无疑是强劲"大动脉"的重要先导力量。在人类社会信息化不断推进的过程中，无线电波成为实现信息即时传播和无所不在的重要的甚至是不可替代的载体，是促进我国经济社会发展、守护国家安全，乃至实现可持续发展目标的无形利器。

无线电这么重要，它偏偏又是无形的、神秘的，看不见也摸不到。怎么能让普罗大众，尤其是青少年朋友们认识它、了解它，并对它产生兴趣，自然就得在科普工作上多下点功夫。2016 年 5 月 30 日，习近平总书记在全国科技创新大会、中国科学院第十八次院士大会和中国工程院第十三次院士大会、中国科学技术协会第九次全国代表大会上强调：科技创新、科学普及是实现创新发展的两翼。"科普之翼"的重要性不言而喻，正所谓"授人以鱼，不如授人以渔"。但要写出通俗易懂且不失科学严谨性的科普读物，其难度不亚于研究探索与产品开发。根深才能叶茂，深入才能浅出。这个比喻很形象，我们一听就能悟到科普工作有多重要。如果能给外行人讲明白了，科普才算到位了；如果没讲明白，那还得再往深里学，往透里讲。当然，这对于我们搞技术的人而言并不容易，知难而上才更值得赞赏。小朋友的事从来都不是小事，为一颗小种子植入大梦想，我们要始终放在心上，因为科技梦和中国梦紧密相连，这是一项长期任务，要久久为功。

国家无线电监测中心编写了"无线电科普"丛书，为普及无线电技术与做好无线电资源管理做了很有意义的工作，该丛书不仅是科普读物，也是信息技术工作者有价值的参考书。在国家无线电监测中心"无线电科普"丛书出版之际，谨以此为序，并表示祝贺。

中国工程院院士 邬贺铨

2021 年 2 月 18 日

目录

第一章 概论

　　作为业余无线电通信的重要组成部分，业余卫星通信的出现是业余无线电通信发展史上的里程碑，引发了业余无线电爱好者研究和探索无线通信的极大兴趣，推动了业余无线电的迅速发展。本章首先介绍业余无线电通信的起源和发展及业余电台的发展和应用，然后介绍业余卫星通信的发展历史及目前发展状况，以及可用于业余无线电通信的频率和相关使用要求，最后主要介绍我国对业余卫星通信管理相关的政策法规。

1.1 业余无线电通信简介

1.1.1 业余无线电通信起源

　　1901 年，马可尼用大功率发射机和庞大的天线实现了跨越大西洋的无线电通信。先驱们的行动激励了世界各地大批业余无线电爱好者研究和探索的兴趣，澳大利亚、英国和美国分别于 1910 年、1913 年、1914 年先后成立了业余无线电爱好者组织。1923 年，两位美国业余无线电爱好者在本国利用短波互相通联时，法国的一位爱好者意外在欧洲听到了他们，于是，3人完成了这次具有历史意义的远距离通信。在随后的实验中，他们发现相同发射功率下，波长越短，通信距离越远，只要波长适当，只需较小的功率就能实现远距离通信。这一重大发现，是无线电发展史上重要的成就之一，为全球短波通信奠定了基础。

中国的业余无线电活动开始于20世纪10年代末，科学技术和无线电广播在华夏大地的萌动，激起了人们对无线电技术的爱好与追求。在当时极其简陋的条件下，不少老一辈业余无线电爱好者怀着"以科学报效祖国"的理想，从手动制作简单的矿石收音机起步，慢慢提高自己的收信水平直至实现发信，成为掌握无线电通信技术的先锋。1937年，很多业余无线电爱好者直接奔赴抗日前线，组成了"业余无线电人员战时服务团"。爱国的业余无线电爱好者克服地理阻碍，于1940年5月5日以红糟房为主会场，举行了一次全国性的空中年会。在这次年会上，大家一致同意设立该日为"业余无线电节"。每年的5月5日便成为我国业务无线电爱好者的节日——中国业余无线电节，2020年中国业余无线电节（55节）各区活动台标如图1-1所示。中华人民共和国成立后，我国经历了一段较长的酝酿和过渡时期，1992年，经国务院批准，我国恢复开放个人业余业务。从此，我国的业余无线电活动进入了一个新的阶段。

在科技迅速发展的今天，无线电通信已经深入日常生活的各个领域。业余无线电通信是整个无线电通信世界的一个重要组成部分。成立于 2010 年 10 月 29 日的中国无线电协会业余无线电分会作为广大业余无线电爱好者与国家无线电管理机构之间的桥梁和纽带，组织开展了丰富多彩的业余无线电活动，各地的业余无线电爱好者积极加入普及通信知识和操作技能的活动中，并时刻准备在突发灾害到来时为社会服务。同时，它也在世界性业余无线电组织中代表我国业余无线电爱好者发声，开展必要的合作和协调工作。

图 1-1 2020 年中国业余无线电节（55 节）各区活动台标

目前，全世界拥有电台呼号的业余无线电爱好者约 300 万人。如果你能够学习业余无线电通信的基础知识，掌握电台操作技能，按照国家无线电管理机构规定的标准和方法，通过操作技术能力考核，经过正式申请审批后，便能拥有自己的业余电台和呼号，与国内外的"火腿"[1]进行空中对话了。

1.1.2 业余电台

国际电信联盟（ITU，International Telecommunication Union，以下简称"国际电联"）《无线电规则》对"业余业务"的定义是：供业余无线电爱好者进行自我训练、相互通信和技术研究的无线电通信业务。业余无线电爱好者系指经正式批准的、对无线电技术有兴趣的人，其兴趣纯系个人爱好而不涉及谋取利润。

用于业余业务的电台被称为业余电台，业余无线电爱好者操作电台必须取得国家主管部门核发的业余电台执照，业余电台只能用于实践通信操作、参加通信技能比赛等自我训练，除经批准的业余信标台等特殊种类电台之外，其他业余电台只能在业余电台之间进行双向通信而不得进行单向广播，其通信内容只限于业余无线电技术研究、试验和交流等，并可公开供其他业余业余无线电爱好者接收。

1　"火腿"一词译自英文"HAM"。无线电爱好者自称"HAM"，一说源于19世纪初美国哈佛大学一个名为"HAM"的业余电台，这个呼号来自于该电台的创建人亚伯特·海曼（Elbert.S.Hyman）、巴伯·兹美（Bob Almay）和佩姬·莫瑞（Poogie Murray）三人姓氏的首字母。在19世纪初，无线电处于萌芽初期，对于无线电频率也没什么规划，业余无线电爱好者可以任意使用频率，自行决定呼号，有些业余电台收发性能更优于专业电台。这一现象引起了美国国会的注意，美国国会开始计划制定严苛的法规来打压业余无线电台。亚伯特·海曼时为哈佛大学的学生，在该法案的检讨委员会上慷慨陈词，使这项法案获得重视，HAM电台更成为业余无线电爱好者在那个备受争议的年代中一个坚强的战斗堡垒，为业余无线电甚至整个无线电的发展和规划做出了积极贡献。因此，后人便将"HAM"与"业余无线电"划上等号，并将业务无线电爱好者称为"HAM"。还有的说是因为最初的无线电爱好者操作手法不熟练，或者被认为是"不务正业的"，这个群体就被叫作"HAM"。

"业余"只表示业余无线电通信不带有金钱目的。与其他专业无线电通信行业相比，业余电台的安装、操作、维护通常由同一个人完成，因而我国和其他各国一样，要求任何设置使用不同类别业余电台的人都必须具有符合国家无线电管理机构规定的操作能力。业余无线电爱好者之中不乏具备良好无线电专业知识和实践经验的人才，只是他们的研究兴趣通常聚焦在其他行业认为没有商业价值的领域。当各国争抢发展地球静止轨道卫星时，他们潜心研究低轨卫星；当星球大战计划放弃利用月球时，他们热衷于 EME 月面反射通信试验；当专业通信逐渐退出不稳定的短波时，他们致力于为短波注入活力的新通信模式开发。每当业余无线电爱好者的成就显露商业价值时，他们又以转向开辟"新荒地"为乐趣。

业余无线电在突发灾害事件中有着积极的作用，早已被世界各国所公认。近年来，在 1995 年日本神户地震、2001 年美国的"9·11"恐怖袭击事件，以及 2004 年的东南亚大海啸等突发事件中，都有业余无线电爱好者做出贡献的事迹。随着我国业余无线电活动的深入发展，我国业余无线电爱好者也创下了可圈可点的业绩。

同时，世界各国的业余无线电爱好者对无线电通信技术的发展也起到了重要的推动作用。在地面和空间业余无线电通信，如短波通信、无线电数字通信、无线电图像通信、流星余迹通信、月面反射通信、低轨卫星通信等领域，业余无线电爱好者们都留下了不断探索的身影。在提供突发灾害时的应急通信服务，增进世界各国人民的交流与合作，培养青少年科技素质等方面，业余无线电通信更是发挥了独特的作用，展现了巨大的潜力。

1.2　业余卫星通信简介

根据通信使用到的"媒介"或"中继"不同，业余无线电通信可大致分为地面业余无线电通信和空间业余无线电通信两类。地面业余无线电通信主要是利用电离层反射传播或地波传播开展的业余无线电通信；空间业余无线电通信主要是利用天体或人造卫星开展的业余无线电通信，如业余卫星通信、流星余迹通信和月面反射通信等。ITU《无线电规则》不仅对"业余业务"做出定义，还给出了"卫星业余业务"的定义：利用地球卫星上的空间电台开展的与业余业务相同目的的无线电通信业务。

1.2.1　发展历史

业余卫星通信的起源，可以追溯到"太空时代"的开始，自 1957 年第一颗人造地球卫星升空，业余无线电爱好者便开始了业余卫星通信的研究，并启动了第一个业余卫星制造计划，即 OSCAR（Orbiting Satellite Carrying Amateur Radio）项目。该项目在 20 世纪 60 年代共发射 4 颗业余卫星，其中第一颗业余卫星被命名为 OSCAR-1，于 1961 年 12 月进入近地轨道。

1969 年，美国成立了业余无线电卫星组织（AMSAT），随后阿根廷、澳大利亚、巴西、智利、丹麦、德国、意大利、印度、日本、韩国、马来西亚、新西兰、葡萄牙、苏联、南非、西班牙、瑞典、土耳其和英国也相继成立了 AMSAT。这些组织都以非营利性公司的方式独立运营，在大型卫星项目及其他感兴趣的项目上展开合作，筹募制造和发射业余卫星必要的资源，组织世界性的业余卫星项目团队。50多年来，各地 AMSAT 在提高空间科学、空间教育和空间技术方面发挥了关键作用，其将继续对业余无线电的未来科学和商业活动产生深远的积极影响。

随着航天技术的进步，卫星发射成本降低，业余卫星发射机会快速增加，业余卫星通信也变得相当普及，划分给业余卫星业务的频率也越来越紧张。国际业余无线电联盟（IARU）在世界卫星业余业务的发展中发挥了越来越重要的作用，参与了 ITU 的各相关建议书、技术标准等文件的编写，IARU 第一、二、三区组织所制定的业余频率规划成为业余卫星设计者选择频率必须遵守的参考资料。近 10 年来全球从事业余卫星业务活动的业余无线电爱好者也达成了共识，所有业余卫星在制造发射之前都会先向 IARU 的业余卫星协调机构提交业余卫星频率协调申请，得到协调确认之后再完成国际电联的相关注册流程。

从 1961 年开始，根据业余卫星的设计与飞行特征，业余卫星发展历程大约可分为以下 3 个阶段。

第 1 阶段发射的卫星大多使用年限较短，只进行简单的信号收 / 发实验；这一阶段的代表卫星有 OSCAR 系列 1 号（OSCAR-1）至 5 号（OSCAR-5）等。1961 年 12 月 12 日发射的 OSCAR-1 卫星，仅在轨停留了 22 天，就有 28 个国家及地区的 570 多名业余爱好者接收到其信号。OSCAR-3 卫星在轨停留了 18 天，22 个国家及地区的 1000 多名业余爱好者接收到其信号。

第 2 阶段发射的卫星不但使用年限较长（大多数使用年限在 10 年以上），而且在卫星上装载了线性转发器、数字自动转发器，以及其他各种通信设备；现在使用的不少卫星（如 AO 系列 6 号至 8 号、RS 系列、Fuji-OSCAR 系列等）都是这一阶段发射的。其轨道很低，所以到达地面的信号非常强，使用简单的设备就可以进行卫星通信实验。但低地球轨道卫星绕地球运行的周期都非常短，一般不超过 150min，每一次经过业余无线电台上空的时间都只有 20min 左右。

第 3 阶段发射的卫星主要特点是轨道较高，和第 2 阶段的卫星一样也具有较长的使用年限，并适应各种不同的通信方式。其代表卫星主要有已发射的 AO-10、AO-13 及 Phase 3D 等卫星。高轨道地球卫星环绕地球的时间比第 2 阶段的卫星有了很大的延长，使得每次的通信时间大大加长。其覆盖范围也扩大了，卫星在远地点时几乎可以覆盖地球表面 1/3 的面积。

我国业余无线电爱好者在 20 世纪 80 年代就利用当时的集体业余电台等地面设施和国外业余卫星以及俄罗斯"和平"号空间站业余电台开展业余卫星通信实践。

2009 年 12 月，"希望一号"（XW-1/CAS-1/Hope-OSCAR 68/HO-68）业余卫星发射成功，标志着我国有了第一颗业余卫星。之后，"希望二号""紫丁香二号"等一系列业余卫星相继升空。随着我国航天事业的快速发展，业余卫星得到越来越多的关注，近 10 年来我国业余无线电爱好者在航天单位的支持下向国际业余无线电联盟提交的业余卫星频率协调申请已有 30 多份，其中多数业余卫星或者业余卫星星座已经完成发射。

2018 年 5 月，由我国哈尔滨工业大学业余无线电俱乐部（BY2HIT）牵头研制的"龙江二号"（DSLWP-B，也称作 Lunar-OSCAR 94/LO-94）微卫星顺利进入月球轨道，这是国际首次月球轨道上的业余卫星通信实验，也标志着我国业余卫星技术正在接近世界前沿。"龙江一号""龙江二号"卫星结构如图 1-2 所示。

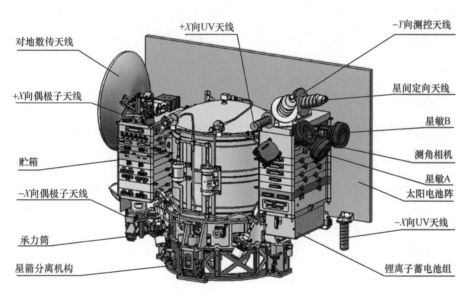

图 1-2　"龙江一号""龙江二号"卫星结构

1.2.2　发展现状

业余卫星的发展事实上也启发、促进了商业微卫星和纳卫星的发展，提高了卫星通信的灵活性。同时，业余无线电爱好者组织、业余卫星组织与各国高校和科研机构开展紧密合作，培养了大量的高级技术人才，很多业余卫星是由包括大学生在内的具有执照的业余无线电爱好者建造的。随着近年来纳卫星和皮卫星[2]（如 CubeSats）技术的发展，继 AMSAT 之后，业余无线电爱好者与其他大学或团体合作开发、发射的业余卫星越来越多。当前世界各国业余卫星组织和热衷于业余卫星通信的爱好者们，对业余卫星和空间通信提出了一系列计划。

GOLF 卫星计划，旨在将业余卫星 CubeSat 送到更高轨道，执行宽带访问任务，并探索继续利用微波频段、姿态确定和控制、脱轨设备（遵守轨道碎片减缓规则所必需的）和软件定义的无线电（SDR）等新技术。

Fox-1 计划是 AMSAT 的第一个 CubeSat 计划，自 2009 年启动，已发射 4 颗业余卫星，最后一颗卫星 Fox-1E 已于 2021 年 1 月 17 日发射，旨在证明 AMSAT 可以构建一系列强大的 CubeSat。

ARISS（国际空间站业余无线电）计划，旨在让世界各地的学生体验通过业余无线电与国际空间站的机组人员直接通信。

AREx（业余无线电探索）计划，旨在在一艘环绕月球轨道的小型宇宙飞船上纳入业余无线电。

卫星的制造、测试和发射成本往往是业余无线电爱好者难以负担的，因此业余卫星的常见发射运作模式也比较特殊。

---

2 在微小卫星分类中，纳卫星的质量为 1 ～ 10kg；皮卫星的质量为 0.1 ～ 1kg。1999 年美国斯坦福大学汤姆·肯尼（Tom Kenny）教授根据多年对皮卫星研究积累的经验，提出了一种新概念的皮卫星——质量为 1kg，结构尺寸为 10cm×10cm×10cm 的立方体。这种皮卫星被称为立方体卫星，又被称为 1 个立方体卫星单元（1U），由若干个单元（nU）可以组成纳卫星。

　　一种是由业余无线电爱好者（一般为团队或组织）自行或参与设计、制作业余卫星，寻求航天事业作为公益支持，免费或低价格搭其他任务主卫星的"顺风车"发射，目前在轨运行的大多数业余卫星是通过这种模式发射的。

　　另一种是业余无线电爱好者谋求在其他业务卫星的平台上占一个空间搭载自己设计、制作的业余无线电载荷。例如，"希望一号""希望二号""紫丁香一号"等卫星，都是搭载了业余无线电载荷的微纳卫星。2019年7月25日发射升空的"北理工一号"卫星（BP-1B），是一颗科学技术验证微型卫星，将完成帆球技术和新型空间电台技术两项科研验证任务，轨道寿命仅为7～10天，它上面搭载的新型空间电台也能向全世界业余无线电爱好者提供U/V频段卫星信标和通联平台。"北理工一号"卫星在轨展开帆球模拟如图1-3所示。

图1-3　"北理工一号"卫星在轨展开帆球模拟

　　还有一种常见情况是业余无线电爱好者利用所从事的专业航天项目或者大专院校教育项目的机会，将业余无线电通信与学生无线电和航天教育结合起来，让业余无线电爱好者得到免费业余卫星的同时，帮助开展青少年无线电科普实验。例如，2006 年国际空间站（ISS）航天员获准在报废的航天服上装载业余无线电发射机发射语音信标、遥测数据和图像，再抛到空间，就成了一颗"SuitSat"（航天服卫星）业余卫星。

1.3　业余卫星通信频段

1.3.1　业余卫星通信频段划分

　　业余卫星通信需要在地球站与卫星之间进行通信，信号必须穿越大气层，如果信号频率太低则会被电离层反射回来。业余卫星通信需要一台能够在转发器上行频率上使用的发射机和在下行频率上使用的收信机，使用的频率越高，收发信机制作难度越大，但通信质量越好。现在主流的业余卫星通信频率为 144MHz 和 430MHz，还有 1.2GHz 以上的，不过其对设备的要求太高，不适于普及。表 1-1 所示是 2018 年 7 月 1 日起施行（2018 年 2 月 7 日发布）的《中华人民共和国无线电频率划分规定》中划分给业余业务和卫星业余业务的频段，可以看到我国内地、澳门地区和国际电联 3 区的划分是基本一致的，香港地区的划分情况与国际电联 3 区的划分区别较大，尤其是在 134GHz 以上频段，香港地区没有明确业余业务的划分。还要注意的是，在一些已划分给业余业务和卫星业余业务的频段中，还以脚注的形式，对该频段应用于业余业务和卫星业余业务的具体条件做出了规定。例如，在 135.7 ～ 137.8kHz 频段标注了 5.67A 脚注，对使用 135.7 ～ 137.8kHz 频段内频率的业余业务台站，规定其最大辐射功率不得超过 1W（等效全向辐射功率），且不应对在第 5.67 款所列国家和地区内运行的无线电导航业务台站产生有害干扰。各频段涉及的脚注，可查阅《中华人民共和国无线电频率划分规定》。

表 1-1　2018 年 7 月 1 日起施行的《中华人民共和国无线电频率划分规定》中划分给业余业务和卫星业余业务的频段 [3]

频段	业务划分			
	内地	香港地区	澳门地区	国际电联 3 区
135.7 ～ 137.8kHz	[业余]	—	—	[业余]
1.8 ～ 2MHz	业余	业余	业余	业余
3.5 ～ 3.9MHz	业余	业余	业余	业余
5.3515 ～ 5.3665MHz	[业余]	[业余]	[业余]	[业余]
7 ～ 7.1MHz	业余	业余	业余	业余
7.1 ～ 7.2MHz	业余 卫星业余	业余 卫星业余	业余 卫星业余	业余 卫星业余
10.1 ～ 10.15MHz	[业余]	[业余]	[业余]	[业余]
14 ～ 14.25MHz	业余 卫星业余	业余 卫星业余	业余 卫星业余	业余 卫星业余

3　表中带方括号的内容，表示次要划分。关于"主要"和"次要"划分：根据《中华人民共和国无线电频率划分规定》，一个频段被标明划分给多种业务时，这些业余按"主要业务"和"次要业务"的顺序排列。次要业务台站不得对已经指配或将来可能指配频率的主要业务电台产生有害干扰，不得对已经指配或将来可能指配频率的主要业务电台的有害干扰提出保护要求，但可以要求保护不受来自将来可能指配频率的同一业务或其他次要业务电台的有害干扰。当发现主要业务频率受到次要业务频率的有害干扰时，次要业务的有关主管或使用部门应积极采取有效措施，尽快消除干扰。

续表

频段	业务划分			
	内地	香港地区	澳门地区	国际电联3区
14.25 ～ 14.35MHz	业余	业余	业余	业余
18.068 ～ 18.168MHz	业余 卫星业余	业余 卫星业余	业余 卫星业余	业余 卫星业余
21 ～ 21.45MHz	业余 卫星业余	业余 卫星业余	业余 卫星业余	业余 卫星业余
24.89 ～ 24.99MHz	业余 卫星业余	业余 卫星业余	业余 卫星业余	业余 卫星业余
28 ～ 29.7MHz	业余 卫星业余	业余 卫星业余	业余 卫星业余	业余 卫星业余
50 ～ 52.85MHz	业余	业余		
52.85 ～ 54MHz	业余	—	业余	业余
144 ～ 146MHz	业余 卫星业余	业余 卫星业余	业余 卫星业余	业余 卫星业余
146 ～ 148MHz	业余	—	—	业余
430 ～ 440MHz	[业余]	[业余]	[业余]	[业余]
1240 ～ 1300MHz	[业余]	—	[业余]	[业余]
2300 ～ 2450MHz	[业余]	—	[业余]	[业余]
3300 ～ 3500MHz	[业余]	—	[业余]	[业余]
5650 ～ 5725MHz	[业余]	—	[业余]	[业余]
5725 ～ 5830MHz	[业余]	[业余]	[业余]	[业余]
5830 ～ 5850MHz	[业余] [卫星业余 （空对地）]	[业余]	[业余] [卫星业余 （空对地）]	[业余] [卫星业余 （空对地）]
10 ～ 10.45GHz	[业余]	—	[业余]	[业余]
10.45 ～ 10.5GHz	[业余] [卫星业余]	[业余] [卫星业余]	[业余] [卫星业余]	[业余] [卫星业余]
24 ～ 24.05GHz	业余 卫星业余	[业余]	业余 卫星业余	业余 卫星业余
24.05 ～ 24.25GHz	[业余]	[业余]	[业余]	[业余]

续表

频段	业务划分			
	内地	香港地区	澳门地区	国际电联3区
47～47.2GHz	业余 卫星业余	业余 卫星业余	业余 卫星业余	业余 卫星业余
76～77.5GHz	[业余] [卫星业余]	[业余] [卫星业余]	[业余] [卫星业余]	[业余] [卫星业余]
77.5～78GHz	业余 卫星业余	业余 卫星业余	业余 卫星业余	业余 卫星业余
78～81GHz	[业余] [卫星业余]	[业余] [卫星业余]	[业余] [卫星业余]	[业余] [卫星业余]
81～81.5GHz	[业余] [卫星业余]	—	—	[业余] [卫星业余]
122.25～123GHz	[业余]		[业余]	[业余]
134～136GHz	业余 卫星业余	—	业余 卫星业余	业余 卫星业余
136～141GHz	[业余] [卫星业余]	—	[业余] [卫星业余]	[业余] [卫星业余]
241～248GHz	[业余] [卫星业余]	—	[业余] [卫星业余]	[业余] [卫星业余]
248～250GHz	业余 卫星业余	—	业余 卫星业余	业余 卫星业余

1.3.2 业余无线电常用频段

业余无线电使用的频段分布在很宽的频率范围内，从低频到高频被划分为很多不连续的频段，但常用的主要集中在 HF、VHF 和 UHF频段，频率很高的微波频段可用于业余卫星通信和微波通信实验。各业余频段的电波传播方式具有不同的特征，以下对常用的业余无线电频段进行介绍。

（1）1.8～2MHz 频段

这是属于中波中频（MF）的业余频段，是业余电台允许使用的最低频段，业余无线电通信的前辈们就是从这些低频率开始为人类做出巨大贡献的。这个频段白天主要靠地波进行近距离的通信，一般地波传播的最大距离为250km。晚上可以通过电离层 D 层反射进行远距离通信，最佳的通信时间是双方都处于日出日落的交界时间。冬天的傍晚和黎明时分是用该频段进行远距离通信的时段。由于这个频段频率比较低，需要架设庞大的天线，电离层的衰减也比较大，需要较大的功率才能实现远距离通信。

（2）3.5～3.9MHz 频段

这是属于短波高频（HF）中频率最低的业余频段，是最有利于初学者以较低成本自制收发信机的频段。这个频段的传播规律和1.8～2MHz 频段相似，主要是以电离层 F 层和 E 层混合传播为主。夏天的白天由于 D 层和 E 层的电子密度高，这个频段以下的电波会被吸收掉而不能经电离层反射，只能进行一两百米距离的通信。在冬天的傍晚和黎明时分，进行远距离通信的效果比 1.8～2MHz 频段好，通联到远距离电台的概率也大。这个频段的天线规模也比较庞大，但比起 1.8～2MHz 频段的天线已经缩小了很多。1.8～2MHz 和 3.5～3.9MHz 频段在夏季都会受到几百千米之内雷电的干扰及非业余电台的干扰。

（3）5.3515～5.3665MHz 频段

这是最新的业余无线电的 HF 频段，是目前唯一频点化的频段。将频段内信道频点化以后，只能在这个频段的 5 个指定频点上通信，分别是：5330.5kHz、5346.5kHz、5366.5kHz、5371.5kHz 和 5340.5kHz。

此外，通信模式限定为上边带语音模式，最大输出功率为 15W。

（4）7～7.1MHz 频段

这是一个专用的业余频段，是业余电台工作的主要频段。在太阳黑子活动水平较低的年份，白天这个频段可以很好地用于省内或邻近省份的业余电台通信。到了太阳黑子活动高峰年，有可能只能用于本地电台通信。傍晚或黎明时分，可以用于实现远距离通信，能联络到世界各地的电台。这个频段操作范围比较窄，许多电台在狭窄的频段内互相拥挤，会使频段内产生严重的杂音。

（5）14～14.35MHz 频段

这是一个很好的远距离通信频段，是各国业余爱好者使用最多的"黄金"频段，许多国家规定了只有拥有高等级执照的爱好者才能在这个频段工作。这个频段主要是靠电离层 F 层进行全球通信的，传播比较稳定，太阳活动和季节的变化对传播影响比较小，电离层 F 层是反射无线电信号或影响无线电波传播条件的主要区域，其上边界与磁层相接。大多数国际比赛和无线电远征活动可在这个频段操作，同时大多数使用这个频段的电台以进行远距离通信为目的，因此这个频段是"狩猎珍稀电台"的最佳频段。但这个频段开始出现"越距现象"，即出现了一个地波传播到达不了，而天波一次单跳又超越过去的电波无法到达的"寂静区"，受越距现象影响的主要是省内或邻近省的电台之间的联络。由于电离层是不断变化的，"寂静区"的范围不是固定的。

（6）21～21.45MHz 频段

这是业余无线电通信的专用频段，也是短波初学者的入门频段，世界范围内大量的新手活跃在这个频段。这个频段主要是靠电离层 F2 层反射进行通信，太阳活动、昼夜和四季等的变化对这个频段的影响较大，当太阳黑子活动比较活跃时，这个频段是远距离通信的主要频段，但在太阳黑子活动水平较低的年份，远距离通信比较困难。该频段背景杂音比较小，加上天线尺寸比较小，用小功率就可以进行远距离通信。这个频段的越距现象更加明显，尤其是在隆冬和盛夏季节，收听本省或国内电台是很困难的。

（7）28 ～ 29.7MHz 频段

这是短波 HF 频段中频率最高的频段，是一个理想的低功率远距离通信频段。这个频段的传播特性介于 HF 和甚高频（VHF）之间，主要特点是受太阳活动的影响大，有突发电离层 E 层传播现象，一旦开通传播，电离层衰减小，频率杂音较小，天线增益容易变高。由于频率比较高，晚上较小密度的电离层已不能对其形成反射，所以这个频段的远距离通信一般只能在白天进行。在这个频段中的 29.4 ～ 29.5MHz 是业余卫星通信通常使用的频率。

（8）50 ～ 54MHz 频段

这是属于 VHF 的业余频段，被称为"魔术频段"。这个频段的传播特性介于 HF 和 VHF 之间，在太阳活动的活跃期，电离层会产生突发 E 层传播现象，电波通过突发 E 层的异常传播，电台可以用很小的功率进行全球的远距离通信，是爱好者进行猎奇的频段。在这个频段的前端，业余无线电爱好者在全世界各个地方设立了信标台，这些信标台 24 小时不停地轮流发射信标信号，我们只要通过接收这些信标台的信标信号，就可以实时地了解频段的开通情况，也有爱好者通过收听、记录这些信标台的信号情况去探索突发 E 层电波传播的神奇规律。

（9）144 ～ 148MHz 频段

这是属于典型的 VHF 频段的业余频段，是一个非常活跃的本地通信频段。这个频段的信号电离层基本不产生反射，电波以直射波视距传播为主，传输中遇到有大楼房或山体等，会产生反射波，因此一般只能用于近距离通信。许多国家在这个频段上建有中继台，通过中继台中转实现远距离通信。和 1.8 ～ 2MHz 频段一样，这个频段也有不可思议的近 7000km 的远距离通信记录，这个频段的对流层传播受气候变化影响较大，利用突发 E 层的可能性也更大一些。144 ～ 148MHz 频段是业余爱好者进行各种空间通信实验的常用频段，业余卫星通信的下行频率一般使用该频段。

（10）430 ～ 440MHz 频段

这是属于特高频（UHF）的业余频段，直射波传播比 144 ～ 148MHz 频段更甚，反射和折射现象更明显，但空气衰减更大，更不适合远距离通信。这个频段带宽较宽，使用 FM 方式的电台最多，因此使用手持电台或车载电台等移动通信设备通信很方便。业余卫星通信的上行频率一般使用该频段。

（11）1260 ～ 1300MHz 频段

这个频段属于微波频段，主要是直射波传播，业余爱好者利用这个频段进行流星余迹反射和对流层散射等超距离通信实验，也有业余通信卫星工作在这个频段。

1.4　业余卫星通信相关无线电管理政策

无线电电波传播不受国境、边界限制，国际协调必不可少。ITU就是主管信息通信技术事务的联合国机构，下设电信标准化（ITU-T）、无线电通信（ITU-R）和电信发展（ITU-D）3 个部门，协调各国开展相关工作。我们耳熟能详的 4G、5G 移动通信标准的制定就是在 ITU的协调下开展并最终确定的。《无线电规则》是 ITU 对国际无线电通信管理的基本法规之一，它按区域和业务种类划分了 9kHz ～ 400GHz频段，规定了各种无线电台（站）使用频率、协调、通知和登入国际频率总表的程序，以及这些台（站）的技术和操作标准，并对安全通信（包括遇险呼救信号）的操作和电台的识别等做了特别规定。

国内层面，《中华人民共和国无线电管理条例》是我国无线电管理的基本条例。我国由国家无线电管理机构负责全国无线电管理工作，各省、自治区、直辖市设立地方无线电管理机构，在国家无线电管理机构和省、自治区、直辖市人民政府领导下，负责本行政区域除军事系统外的无线电管理工作，并根据工作需要在本行政区域内设立派出机构。目前，我国基本形成了以《中华人民共和国无线电管理条例》为主体，配以《中华人民共和国无线电频率划分规定》《无线电台站执照管理规定》《业余无线电台管理办法》等部门规章，辅以《无线电管理收费规定》《无线电频率占用费管理办法》等规范性文件的无线电管理法规体系，用于规范国内无线电频率使用、无线通信网和电台设置等活动。

如前篇所述，国际电联为业余卫星通信定义了一类"卫星业余业务"，在《无线电规则》频率划分表中分别明确了1、2、3区可用于卫星业余业务的频率，并以脚注的形式明确了相关频段的使用条件。

除明确工作频率外，《无线电规则》在第6章第25条"业余业务"中对业余电台的应用、信号传输和操作人员相关要求进行了说明，并对卫星业余业务应当"确保在空间电台发射前建设足够的地面控制电台"提出要求。需要说明的是，作为空间业务的一类，《国际电信联盟组织法》《国际电信联盟公约》和《无线电规则》所有相关条款均适用于业余电台，包括业余卫星通信卫星（空间电台）和业余卫星通信地面站（地球站）。此外，国际电联还制定了一系列的建议书、报告及手册，明确业余业务和卫星业余业务相关应用和技术要求。例如，M.1024建议书描述了业余业务和卫星业余业务在减灾救灾通信中的应用。

近年来，航天产业蓬勃发展，对卫星频率和轨道资源的使用日益增多，我国除前文提到的《中华人民共和国无线电管理条例》之外，还制定了一系列与空间无线电业务相关的管理法规和规章，对卫星通信系统所涉及的星（卫星）、网（卫星通信网）和站（卫星地球站）的设置、使用各方面做了明确规定。此外，工业和信息化部以部长令的形式发布了《业余无线电台管理办法》，对于业余无线电台的设置审批程序、使用管理、呼号管理等做出了详细规定。成立于2009年3月的中国无线电协会，针对业余无线电台操作技术能力验证考核、操作证书申请等，也制定了一系列的规范性文件。

1.4.1 《中华人民共和国无线电管理条例》

《中华人民共和国无线电管理条例》（以下简称"《条例》"）是我国对无线电频率资源、无线电台站进行管理的根本依据，现行《条例》是 2016 年 11 月 11 日由国务院、中央军委共同签发的，自 2016 年 12 月 1 日起施行。

《条例》对业余无线电台的应用范围和操作人员有明确要求：业余无线电台只能用于相互通信、技术研究和自我训练，并在业余业务或者卫星业余业务专用频率范围内收发信号，但是参与重大自然灾害等突发事件应急处置的除外；申请设置、使用业余无线电台的，应当熟悉无线电管理规定，具有相应的操作技术能力，所使用的无线电发射设备应当符合国家标准和国家无线电管理的有关规定。

同时，《条例》对申请使用无线电频率和申请设置、使用无线电台（站）做了一般性规定，需要注意的是，根据《条例》第十四条第（一）款，业余无线电台的无线电频率是免许可的，但是申请设置、使用业余无线电台需满足第二十九条之规定。

1.4.2 卫星通信相关管理规定

我国对卫星网络空间电台的相关规章制度，除特殊说明外，均适用于业余卫星通信卫星的管理。目前，我国现行的卫星网络相关管理规章制度主要有《设置卫星网络空间电台管理规定》《建立卫星通信网和设置使用地球站管理规定》《卫星网络申报协调与登记维护管理办法（试行）》等。

根据上述制度规定，卫星（空间电台）发射前需开展卫星网络资料的国际申报、协调，设置空间电台并在我国境内建立卫星通信网，需经工业和信息化部审批。设置使用地球站的，根据地球站的设置地点、使用范围等分别由工业和信息化部及各省、自治区、直辖市无线电管理机构审查批准。业余卫星通信系统相关卫星（空间电台）和地球站的设置、使用也应按照相关要求开展。同时，在卫星网络国际申报环节明文规定，涉及使用卫星业余无线电业务的，还应当符合国际业余无线电联盟有关技术和使用要求，即在卫星业余业务相关频段开展业余卫星通信活动的，应满足该频段脚注说明和建议书明确的技术和应用要求。

1.4.3 《业余无线电台管理办法》及相关规范性文件

2012年11月5日，工业和信息化部以部长令的形式发布了《业余无线电台管理办法》，对于业余无线电台的设置审批程序、使用管理、呼号管理等做出了详细规定。

该办法首先明确了"业余无线电台"的范围，是指开展《中华人民共和国无线电频率划分规定》确定的业余业务和卫星业余业务所需的发信机、收信机或者发信机与收信机的组合（包括附属设备）。并明确"设置业余无线电台，应当按照本办法的规定办理审批手续，取得业余无线电台执照"，如此"依法设置的业余无线电台受国家法律保护"。

与其他大多数无线电台站的设置审批条件不同，一是业余无线电台的操作者需具备国家无线电管理机构规定的操作技术能力；二是电台呼号和电台执照是绑定的，在核发业余无线电台执照时会同时指配电台呼号，在注销电台执照时同时注销电台呼号。

根据中国无线电协会制定的《业余无线电台操作技术能力验证暂行办法》和《关于修订各类别业余无线电台操作技术能力验证考核暂行标准的通知》等规范性文件，有兴趣开展业余无线电通信的人员，可参加由各省、自治区、直辖市无线电管理机构委托的考试机构组织的闭卷考试，达到各类别合格标准后可取得《中国无线电协会业余电台操作证书》。

业余无线电台操作技术能力验证考试分为 A、B、C 3 类，考核内容大致分为无线电管理相关法规、无线电通信方法、无线电系统原理、与业余无线电台有关的安全防护技术、电磁兼容技术以及射频干扰的预防和消除方法 6 个部分。其中，A 类能力验证考试主要侧重于对法律法规和基本操作的考核，B 类和 C 类能力验证考试则更侧重于实际通联操作及无线电方面的理论知识。对于刚入门的爱好者，首先要获得 A 类操作证书，取得 A 类证书 6 个月后，可以申请参加 B 类考试；取得 B 类证书并且设置 B 类业余无线电台两年后，可以申请参加 C 类考试。中国无线电协会业余电台操作证书类别见表 1-2。

在获取操作证书后（见图 1-4），若具备《业余无线电台管理办法》关于设置业余无线电台的各项要求，可向所在地无线电管理机构或国家无线电管理机构递交电台设置申请，待获得业余无线电台执照和相应电台呼号后，即可开展业余无线电通信活动。

表1-2 中国无线电协会业余电台操作证书类别

类别	通过标准 / 总题数	业余电台操作限制	备注
A	25/30	业余无线电台可以在 30～3000MHz 范围内的各业余业务和卫星业余业务频段内发射，最大发射功率不大于 25W	初级操作证书
B	40/50	业余无线电台可以在各业余业务和卫星业余业务频段内发射，30MHz 以下频段最大发射功率不大于 100W，30MHz 以上频段最大发射功率不大于 25W	中级操作证书
C	60/80	业余无线电台可以在各业余业务和卫星业余业务频段内发射，30MHz 以下频段最大发射功率不大于 1000W，30MHz 以上频段最大发射功率不大于 25W	最高级别的操作证书

图1-4 业余电台操作证书样式

第二章　卫星通信简述

　　业余卫星通信需要通过在太空中运行的卫星接收和转发信号才能成功。本章将介绍卫星通信系统、卫星设备，以及卫星在轨运行的基本概念和一般规律，以帮助业余卫星通信爱好者更好地理解开展业余卫星通联过程中可能遇到的基本概念、设备选取和参数设置，以及卫星跟踪、信号识别等基本操作。

2.1　卫星通信系统

2.1.1　系统组成

　　卫星通信指地球上的两个或多个无线电台（地球站），利用人造地球卫星上装载的无线电设备作为中继台转发或反射无线电波来进行的通信，卫星通信系统主要由地球站、通信卫星、跟踪遥测指令系统和监控系统组成。

　　用户通过地球站接入卫星线路进行通信。发射端地球站对需要发射的内容进行信源编码和信道编码，然后将信号调制到上行频率，再经射频功率放大器、双工器和天线发向卫星。接收端地球站接收到下行信号后，首先进行射频放大，再经过变频和解调，将信号送给接收端用户。

卫星一般由专用系统和保障系统组成。专用系统是指与卫星所执行的任务直接有关的系统，也称为有效载荷，对于通信卫星而言，其有效载荷为一个或多个转发器，每个转发器能同时接收和转发多个地球站的信号。业余卫星所采用的有效载荷，与商业通信卫星相比要"简陋"许多，但其主要组成部分基本相同。保障系统是指保障卫星和专用系统在空间正常工作的系统，也称为服务系统，主要有结构系统、电源系统、热控制系统、姿态控制系统和轨道控制系统、无线电测控系统等。

跟踪遥测指令系统负责对卫星上的运行数据及指标进行跟踪测量，控制其准确进入轨道上的指定位置，并在卫星正常运行后，定期对卫星进行轨道位置修正和姿态保持。

监控系统负责对进入轨道指定位置的卫星在业务开通前后进行通信性能，例如卫星转发器功率、卫星天线增益，以及各地球站发射的功率、射频频率和带宽等基本通信参数的监控，以保证正常通信。

与短波、超短波等无线通信方式或者光纤、电缆等有线通信方式相比，卫星通信具有很多优点，包括通信距离远、覆盖面积大、系统容量大、业务种类多、通信地球站可以自发自收、便于进行质量监测等。原则上，只需放置 3 颗地球静止轨道卫星于适当位置，就可以建立除地球两极附近地区以外的全球不间断通信。而且卫星通信可提供的频带很宽，特别是新技术、新器件的出现，使一颗通信卫星的容量大大增加，除了光缆和毫米波通信，其他的通信方式是无法提供如此巨大的通信容量的。此外，卫星通信可以同时传输多种业务、多种通信体制信号，整个系统的综合利用效率可以非常高。

与此同时，卫星通信也存在一些缺点，限制了其应用场景。第一，卫星发射技术复杂，卫星造价高，星上系统设备复杂、精密，要求器件质量高、稳定可靠。第二，卫星信号传播路径远、损耗大，加上星上能源有限、发射功率小，地球站接收的信号非常微弱，对地面接收系统的灵敏度要求较高。第三，卫星信号传输时延大，电波从地球站至地球静止轨道卫星再返至地球站，一个来回约80000km，时延0.27s，限制了其在实时控制等领域的应用。第四，卫星通信对空间电磁环境要求很高，存在特有的星蚀和日凌中断。第五，卫星的频率轨位资源有限，尤其是地球静止轨道，有且仅有一条，后续低轨卫星海量发射时，可用的频率轨位日渐稀少。

2.1.2　测控系统

测控（TT&C）系统是卫星的核心系统之一，它负责测定卫星在空间的位置和轨道参数，对卫星系统进行操作和监控，测控站的天线随时瞄准卫星，为星地交换信息提供服务做准备。与其他分系统不同，测控系统必须由星上部分和地面部分组成一个整体，星地同时配套进行才能达到目的。卫星测控系统组成如图2-1所示，包括遥测、遥控、跟踪子系统，其中遥测、遥控子系统安装在卫星上，跟踪子系统在地球站运行。

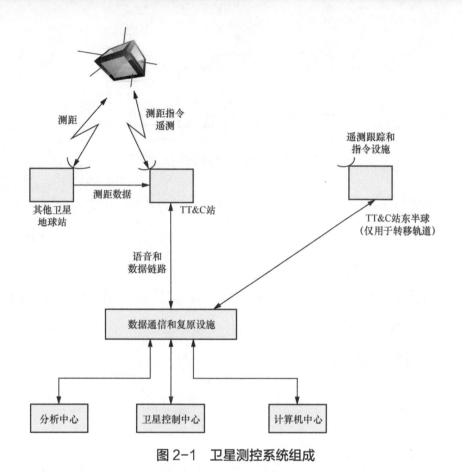

图 2-1 卫星测控系统组成

遥测子系统（见图 2-2）的主要功能是获取星上各分系统运行数据和星内外环境参数，以便地面操作人员准确判断卫星是否工作正常，该功能可以被理解为远距离测量。卫星将生成遥测信号，并将其传送到地球站。遥测信号传送的数据包含从空间环境和星载传感器得到的磁场强度、方向和陨石效应频率等环境信息，还有温度、电源电压、存储燃料压力等卫星信息。

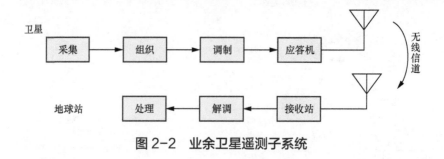

图 2-2　业余卫星遥测子系统

　　跟踪子系统（见图 2-3）是由安装在地球站的观测系统通过向卫星发送信标信号，并由测控地球站接收卫星转发的信标信号来实现跟踪功能的，用于长期连续跟踪、测定卫星的空间位置和轨道参数，并向卫星发送遥控信息。用于追踪的信标信号可在遥测信道上发送，也可在业务信道上发送。跟踪数据的获取，可以通过专门的跟踪天线来实现，也可以通过测量信号的传播时延，经过一系列算法仿真来实现。

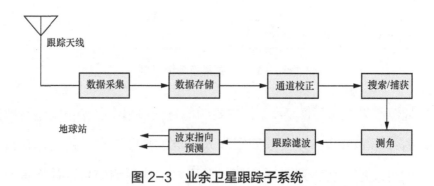

图 2-3　业余卫星跟踪子系统

　　遥控子系统（见图 2-4）装载于卫星上，用于接收和分配来自地球站的指令信号。遥控子系统对指令信号进行解调、译码，最后将信号传送到适当的设备，执行对应的操作。和商业卫星使用专门的测控站不同，经授权的业余无线电爱好者的地球站，在配备所需设备后，可以对业余卫星进行控制。

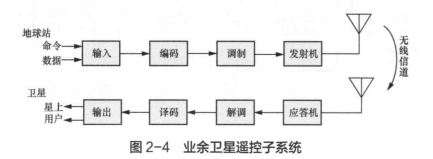

图2-4　业余卫星遥控子系统

2.1.3　电源系统

电源系统是卫星上进行电能产生、存储、变换、调节和分配的分系统，其主要的功能是通过一定的物理或化学变化手段，将光能、化学能或核能等形式的能量转化为电能，并根据具体的需求进行存储、调节和变换，然后向卫星其他子系统提供电能。

目前大部分业余卫星为微卫星或纳卫星，这类卫星的电源系统具有可靠性高、体积小、质量轻、效率高等特点，主要由太阳能电池、蓄电池模块、电源控制系统等组成。其中，电源控制系统由调节控制、电压变换、配电及保护模块组成，实现对太阳能电池阵输出电能的控制、调节、变换、分配与保护，是立方体卫星电源系统的核心部分。蓄电池模块实现对蓄电池组的管理与控制。太阳能电池的布装形式是立方体卫星电源系统设计的重要部分。常用立方体卫星电源系统组成如图2-5所示。下面分别介绍电源子系统各分部件。

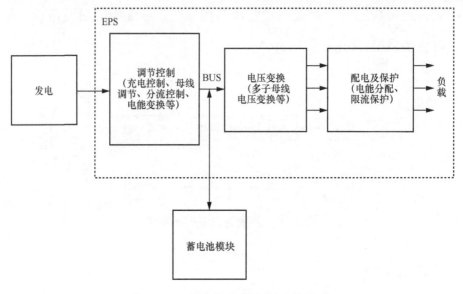

图 2-5　立方体卫星电源系统组成

2.1.3.1　太阳能电池

自用硅成功研制太阳能电池后，太阳能电池迅速成为卫星的主要供电来源。相比于化学能和核能电池，太阳能电池发电价格不贵，产生的废热少，并且功率质量比较好。

考虑到业余卫星系统简单、体积小、受热面积有限，太阳能电池成为星上唯一可行的主能源，同时考虑到光电转换效率，目前太阳能电池片均选用光电转换效率高于 26% 的三结砷化镓单体电池，采用体装式的太阳能电池阵或展开式的太阳能电池翼。

例如，哈尔滨工业大学学生团队研制的"紫丁香二号"技术试验纳卫星，该卫星的 6 面（ +X、−X、+Y、−Y、+Z、−Z ）均贴有太阳能帆板，如图 2-6 所示。

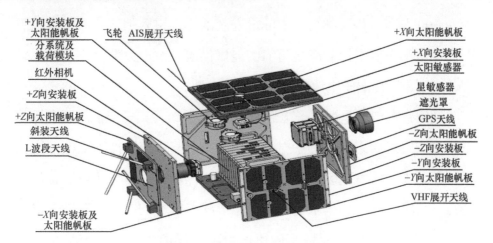

+Y向安装板及太阳能帆板
分系统及载荷模块
红外相机
+Z向安装板
+Z向太阳能帆板
斜装天线
L波段天线
−X向安装板及太阳能帆板

飞轮 AIS展开天线

+X向太阳能帆板
+X向安装板
太阳敏感器
星敏感器
遮光罩
GPS天线
−Z向太阳能帆板
−Z向安装板
−Y向安装板
−Y向太阳能帆板
VHF展开天线

图2-6 "紫丁香二号"卫星

太阳能电池片除了采用体装式布装，还有多种展开式太阳能电池翼。设计者可以根据立方体卫星的应用布局选取合适的太阳能电池翼种类。国外业余卫星通常采用三结砷化镓太阳能电池，转换效率能达到 30%，常用太阳能电池的布装形式如图 2-7 所示。

图2-7 国外业余卫星常用太阳能电池布装形式

2.1.3.2 蓄电池模块

业余卫星的运行轨道大部分在低地球轨道，轨道周期较短，一般为 90min 左右，每圈都会有 30min 左右的时间进入地球阴影，因此需要储能电源为卫星提供稳定可靠的能量供应。对于大部分业余卫星来说，通常采用锂离子电池或者锂聚合物电池。

锂聚合物电池是锂离子电池的一种，与传统锂离子电池的区别是，其正极或电解质采用高分子材料替代。因此与传统锂离子电池相比，其体积更小，可软包装，具有可薄型化、任意面积化与任意形状化等特点，可以配合产品需求，做成任意形状与容量的电池。在充放电特性上，锂聚合物电池能量密度可比目前的锂离子电池高 50%。锂聚合物电池电压特性与锂离子电池没有本质区别，同一颗卫星的电源系统，既可以选用锂离子电池，也可选用装有锂聚合物电池的模块作为储能装置。图 2-8 所示是一种集成锂离子电池组模块。国外多家公司开发了可用于立方体卫星的锂聚合物电池的货架产品。图 2-9 所示是 VARTA 生产、Clyde Space 公司集成的锂聚合物电池组模块，单体额定容量为 1.25Ah。这种装有锂聚合物电池的模块厚度符合 PC/104 的 15mm 标准，质量比锂离子电池组更轻。

图 2-8　集成锂离子电池组模块

图 2-9　锂聚合物电池组模块

2.1.3.3 电源控制系统

电源控制系统实现对电能的控制、分配，以及对系统的测控保护等功能，该部分技术水平的高低直接反映了卫星电源水平的高低。考虑到业余卫星一般为微卫星或者纳卫星，体积小，受照面积有限，一般很少采用专门的放电调节器，而是采用蓄电池组输出端直接与母线连接，以减小卫星的体积和减轻质量。

最大功率点跟踪电源拓扑是当前最先进，也是国外使用最多的立方体卫星电源拓扑。该拓扑具有一个带最大功率点跟踪的充电调节模块，能实时跟踪太阳电池阵的最大功率工作点，并能对蓄电池充放电等进行全面保护，搭配立方体卫星级的可展开微型太阳能电池翼技术，可形成一个完备、高效的立方体卫星电源系统。该系统拓扑如图 2-10 所示，电路如图 2-11 所示。

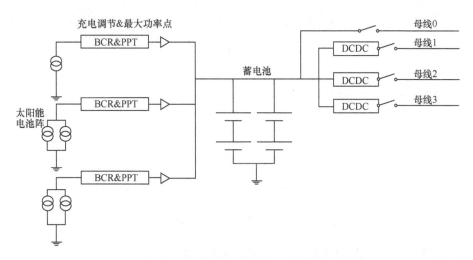

图 2-10 立方体卫星最大功率点跟踪电源拓扑

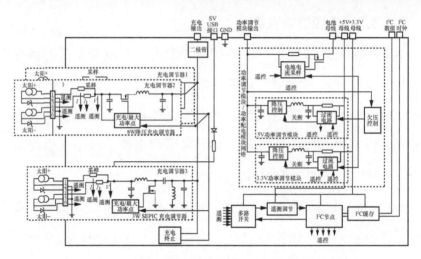

图 2-11 立方体卫星最大功率点跟踪电源拓扑电路

随着立方体卫星的发展趋于标准模块化、智能化，其集成度越来越高，功能越来越复杂，功率密度也越来越高。配电与电源管理系统利用 CPU、固态功率开关等智能化元器件，通过系统总线连接，实现系统智能化。一块电路板上集成了电源管理、传感器、通信模块、存储器等功能模块。

2.1.4 姿态控制系统

卫星的姿态控制系统的任务包括姿态确定和姿态控制两方面，主要用于控制卫星在太空中绕质心旋转的姿态，通过对卫星施加绕质心的旋转力矩，保持或按需改变卫星在空间的定位，以确保卫星所携带设备的指向适当。一般而言，卫星姿态控制系统的硬件包括姿态敏感器、控制器和执行机构 3 部分（见图 2-12），软件包括测量信息处理算法和控制逻辑算法。

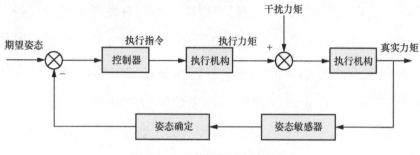

图 2-12　卫星姿态控制系统

姿态控制系统需要完成两个主要姿态指向任务：一是长期在轨状态下保证太阳能电池面对准太阳，以保证星上电源供应；二是执行对地任务时按照要求的侧摆角进行侧摆，以对目标区域进行推扫。

姿态控制处理通常发生在卫星上，但是控制信号也有可能是基于卫星得到姿态数据，再从地面传送到卫星上的。当希望对卫星的姿态进行调整时，卫星测控人员就会进行姿态机动，这时就会从地球站向卫星传送控制信号。

2.1.5　有效载荷

理解卫星的有效载荷，是我们从业余卫星通信中获取最大效用和乐趣的关键。业余卫星的有效载荷主要分为信标发射机和转发器两部分，一般采用的是商用卫星缩小规模后的有效载荷。

2.1.5.1　信标发射机

业余卫星信标发射机通常具备以下几个功能：在遥测模式下，信标传送星上系统的信息（太阳能电池面板电流、各节点温度、电池状况等）；在通信模式下，信标可以用来存储并发送无线电信号；在任何模式下，信标都可以用来跟踪，用来测量电波传播特性，以及用作参数一致性比较的参考信号，并在测试地球站的信号接收设备中发挥重要作用。业余爱好者们历年来使用过几种遥测编码方法，从用户的角度看，每种方法具备不同的数据传输速率，同时地球站所需解码设备的复杂程度也不相同。很大程度上来说，这两种因素互为取舍。

最早的业余卫星使用简单的 CW 遥测信标，信息采用莫尔斯码传输。例如，OSCAR-1 卫星通过改变 CW 中"HI"的发送速度来传送温度信息。莫尔斯码遥测在此后的卫星中变得更加先进。由于莫尔斯码信息非常易于解码，解码只需 1 个接收机、1 张纸和 1 支笔，编码限制为纯数字格式，通常每分钟 25 或 50 个数字（每分钟 10 ～ 20 个字），这使未经训练的人也可以较快地学会如何解码传输内容。也正是由于这个原因，至今一些业余无线电卫星仍在使用莫尔斯码。

数字数据信标最早出现在 20 世纪 70 年代，例如 OSCAR-7 就使用了数字数据信标。这些早期的信标采用无线电传（RTTY）作为传输更为复杂遥测信息的方法，它具备更高的数据传输速率。然而随着技术水平的发展，无线电传最终被替代，没能成为下行传送卫星数据的主要方法。由于一些用户已经拥有 RTTY 接收设备，为了用户接收便利，RTTY 在 20 世纪 70 年代中期被选为卫星数据传输的编码方法。Phase Ⅲ卫星和 UoSAT（萨里大学卫星）系列卫星，要求具备更高速、更高效的链路。这一需求产生的同时，微型计算机也在地球站得到广泛的普及。由于新的航天器都由星载计算机控制，转为使用计算机之间通信的编码技术也顺理成章。一旦地球站采用微型计算机捕获遥测信号，计算机就能处理原始遥测信号，进行存储并自动检测那些能说明问题的数值，检测历史图形数据等。Phase III 卫星和 UoSAT 系列卫星都采用 ASCII 编码，但采用了不同的调制方案。

20 世纪 80 年代，业余无线电分组通信逐步流行，一些卫星遥测系统采用了 AX.25 协议。这些卫星以 1200bit/s 或 9800bit/s 的速率下传信息。随着分组无线电终端节点控制器（TNC）的增长，只要有一台计算机，绝大多数人能接收卫星信息。DOVE-OSCAR 17 大量使用其分组无线电信标作为教育工具。一定数量的业余卫星至今仍然使用分组无线遥测链路。

一些业余卫星还使用了数字语音作为遥测方式。在数字语音模式下，遥测信号是简单的语音，这为地球站解码带来了极大的便利。在为公众做示范，以及由初学者使用时，语音遥测都很出色，但极低的传输速率使它不适合实际传输需求。采用数字语音遥测系统的 OSCAR-9 和 OSCAR-11，能够存储并回放听感更加真实的语音，用于信标和存储－转发通信。这类设备也曾装配在 DO-17、RS-14/AO-21、AO-27 和 DO-29 卫星上。

在遥测或存储－转发广播模式下，具有稳定的强度和频率的信标信号有多种用途。比如，可以用于多普勒效应研究、电波传播测量，以及测试基于地面的接收设备。另外，通过比较转发器的下行信号和卫星信标信号，可以调校合适的上行发射功率。

2.1.5.2　转发器

转发器是一系列交叉相连的单元，组成了卫星上从接收天线到发射天线的通信信道。目前业余卫星上搭载的转发器主要有 3 种类型："弯管"转发器、线性转发器和数字转发器。

（1）"弯管"转发器

"弯管"转发器从功能上来说是最简单的转发器，这个名字的来源是形容它像个 U 形管一样，一头捕获物品并从另一头把它送回原来的地方，意即它在一个频率上接收信号并在另一个频率上重新传输信号，如图 2-13 所示。

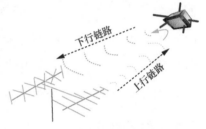

"弯管"转发器的主要优势在于它可以很容易地与普通的业余无线电

图 2-13　"弯管"转发器

调频收发机兼容，主要劣势在于它只能同时中继一路信号，若上行频率上有多个信号，信号会互相干扰，把下行信号变成奇怪的杂音，即调频接收的"俘获效应"。因此，搭载"弯管"转发器的业余卫星只能准确地收到最强的信号。当它在低地球轨道运行时（时间约为 10min），若有一个经验不够丰富的操作者使用大功率信号，那么他通过"俘获效应"可以独占这个卫星，而把其他所有地球站排除在外。

（2）线性转发器

线性转发器能够接收无线电频谱的一小段信号，并转换频率，线性地放大信号，然后把一段频率中的信号完整地发送出去，它能同时中继很多路信号。线性转发器可以用于任何调制模式的信号转发，从节约宝贵的航天资源（比如能量和带宽）的角度，用户首选 SSB 和 CW 调制模式。转发器的规格以输入频率和输出频率命名，比如，一个 146/435MHz 的转发器，是指该转发器输入通带中心位于 146MHz，输出通带中心位于 435MHz，另外，该转发器还可以根据波长命名为 2m/70cm 转发器。

为了使线性转发器的规格尽可能简单，卫星爱好者通常用所谓的"模式"称谓来代表转发器规格。在业余卫星运行早期，这些称谓的指定相当随意，和转发器实际使用的频率没有多大关系。幸好业余卫星爱好者们随后就转发器规格达成一致，这一系列命名规则更加直观（见表 2-1）。2m 波段以字母"V"表示，70cm 波段以字母"U"来表示。这样一来，监听 2m 波段并以 70cm 波段发送的转发器，现在就叫作 V/U 转发器。

表 2-1 卫星转发器波段与模式命名

卫星波段	常见运行模式（上行 / 下行）
10m（29MHz）：H	V/H（2m/10m）
2m（145MHz）：V	H/V（10m/2m）
70cm（435MHz）：U	U/V（70cm/2m）
23cm（1260MHz）：L	V/U（2m/70cm）
13cm（2.4GHz）：S	U/S（70cm/13cm）
5cm（5.6GHz）：C	U/L（70cm/23cm）
3cm（10GHz）：X	L/S（23cm/13cm）
	L/X（23cm/3cm）
	C/X（5cm/3cm）

线性转发器组成如图 2-14 所示。而实际中，因其他因素的存在，星载转发器的设计比图 2-14 所示更复杂。

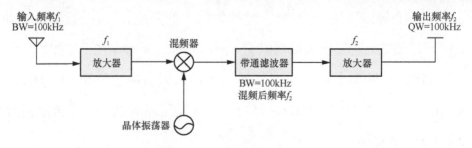

图 2-14   线性转发器组成

（3）数字转发器

数字转发器与我们刚才讨论的线性转发器有很大区别。数字转发器解调输入信号，数据可以通过 PACSAT（信息包卫星）邮箱存储在卫星上，或者立即利用 RUDAK（数字业余通信转发器）生成数字下行信号。PACSAT 邮箱服务最适用于低地球轨道卫星，而 RUDAK 数字中继器在高轨道地球卫星上最有效。

与线性转发器一样，数字转发器的下行速率很有限，设计过程的关键是选择能够使下行容量最大化的调制技术和速率。对 PACSAT 和 RUDAK 的分析显示，由于存在数据冲突，上行数据容量应该为下行数据容量的 4 ～ 5 倍。

对于 PACSAT 邮箱的运行，业余无线电爱好者的地球站需要使用被称为终端节点控制器（TNC）的分组无线电调制解调器和调频收发信机，终端节点控制器能够生成曼彻斯特编码的频移键控上行信号。PACSAT 下行采用输出功率为 1.5W 或 4W 的二进制相移键控信号。之所以选择这种调制方法，是因为在给定的功率电平和比特率下，它的误码率比其他参考方案要低得多。在地面接收下行信号的方法之一是使用单边带接收机，并把音频输出到一台相移键控解调器上，这时单边带接收机只是作为一台线性降频器。

在 PACSAT 的全盛期，有几种专门为其设计的终端节点控制器。然而随着 PACSAT 逐渐被淘汰，这些专用终端节点控制器也从市场上消失了。余下的数字转发器采用 1200bit/s 音频频移键控（AFSK），或者 9600bit/s 频移键控进行上下行数字传输。这意味着那些目前用在各种地面设备上的普通分组无线电终端控制器，也可以用在数字卫星上。

早期的 RUDAK 系统采用不同方式实现所需的上行和下行速率。例如，OSCAR-13 星载 RUDAK 采用多上行通道、单下行通道模式，上行通道速率为 2400bit/s，是下行通道速率 400bit/s 的 6 倍。选择 400bit/s 下行通道速率，是因为这是 20 世纪 70 年代以后 Phase Ⅲ 遥测信号的标准下行速率。能够捕获 Phase Ⅲ 遥测信号的用户，在 RUDAK 一开始传输就应该能够捕获它。然而 OSCAR-13 星载的 RUDAK 设备在发射时失效了。

2000 年发射的 OSCAR-40 上携带的 RUNDAK-U 系统包括两块中央处理器、1 台 153.6kbit/s 的调制解调器、4 台固定的 9600bit/s 调制解调器和 8 台运行于 56kbit/s 速率的数字信号处理调制解调器。新型 RUDAK 系统的最大优势在于其非凡的灵活性。通过数字信号处理技术的应用，RUDAK 能够把自己配置成所需的任何数字系统。

目前立方体卫星研制、试验等标准初步形成，出现了较成熟的市场化产品，各个系统都有现成的商业化产品出售，也出现了以工业级元器件构建的立方体卫星电源系统，只要通过组装、测试就能够完成立方体卫星研制，使研制周期更短，费用更低，应用更简单便捷。比如 UoSAT-12（英国）、UKube-1（英国）、AO-73（FUNcube-1，英国和荷兰）、QB50P1 和 QB50P2（比利时）等业余卫星均基于模块化微卫星平台的经验和技术，其中 QB50P1 和 QB50P2 作为 QB50 项目的两个先驱卫星，成功验证了立方体卫星一站式服务。本书第三章将介绍卫星研制的基本概念。

2.2 卫星轨道

2.2.1 开普勒定律

德国天文学家约翰尼斯·开普勒（1571—1630）根据多年观测行星运动及丹麦天文学家第谷·布拉赫等人观察与收集的精确观测数据，推导出行星运动的三大定律，即开普勒定律。宇宙空间中星体之间在引力/重力的作用下相互运动，星体之间的运动规律普遍遵循开普勒三大定律，人造卫星同样遵从空间天体学规律。

通俗来讲，开普勒三大定律的意思是，地球是在不断运动的；行星围绕恒星公转的轨道不是正圆形而是椭圆形的；行星公转的速度也不恒定，而是在近恒星处速度快，在远恒星处速度慢。开普勒定律的具体描述如下。

根据开普勒第一定律，即轨道定律，卫星环绕地球运动，运动轨道都是椭圆形的，并且地球质心位于椭圆轨道的一个焦点处。如图 2-15 所示，C 为椭圆轨道中心；O 为地球质心，是椭圆轨道的一个焦点；

a 为椭圆轨道的半长轴；b 为椭圆轨道的半短轴；f 为椭圆轨道的半轴距；Φ 为卫星与地球球心连线和近地点之间的夹角。可得到描述椭圆轨道形状的重要参数偏心率 e，表示为：

$$e = \frac{\sqrt{a^2 - b^2}}{a} \qquad (2\text{-}1)$$

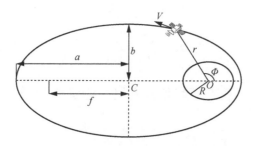

图 2-15　开普勒第一定律示意图

偏心率和半长轴是描述卫星围绕地球旋转的两个轨道参数，e 的大小决定轨道的形状，e 越大，轨道越扁平；当 $e=0$ 时，卫星轨道为圆形轨道。

根据开普勒第二定律，即面积定律，卫星在轨道上运行相同时间所扫过的面积相等。如图 2-16 所示，在相同时间内卫星扫过的面积 $A_1=A_2$。这表明卫星在轨道上的运动是非匀速的，卫星距离地球越近，移动速度越大；距离地球越远，移动速度越小。

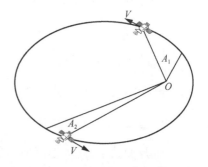

图 2-16　开普勒第二定律示意图

根据开普勒第三定律，即周期定律，卫星围绕地球运转的周期 T 的平方与椭圆半长轴 a 的三次方成正比，表达式为：

$$T^2 = \frac{4\pi^2 a^3}{k} \qquad (2\text{-}2)$$

其中，k 为开普勒常量。假设卫星的平均角速度为 n_0，则 n_0 可表示为：

$$n_0 = \frac{2\pi}{T} = \sqrt{\frac{k}{a^3}} \qquad (2\text{-}3)$$

由此可见，卫星的平均角速度只与椭圆的半长轴 a 有关，与偏心率 e 无关。

2.2.2 卫星轨道参数

卫星的运动轨迹是一个平面，通常用 6 个轨道参数来描述卫星椭圆轨道的形状、大小及其在空间的指向，并能够确定任一时刻卫星的空间位置。地心赤道直角坐标系中的卫星轨道参数如图 2-17 所示。图中涉及的术语解释如下。

- 春分点：当太阳从地球的南半球向北半球运行时，穿过地球赤道平面的点就是春分点。
- 近地点：卫星距离地球最近的点，值为 $a(1-e)$。
- 远地点：卫星距离地球最远的点，值为 $a(1+e)$。
- 升交点：卫星由南向北运动，其轨道与赤道面的交点。
- 降交点：卫星由北向南运动，其轨道与赤道面的交点。

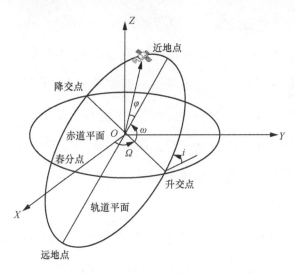

图 2-17　卫星轨道参数

6 个轨道参数如下。

- 半长轴 a：卫星绕地球运行的轨道为椭圆轨道，卫星轨道的半长轴为椭圆轨道的长轴的一半。

- 偏心率 e：描述椭圆轨道的扁平程度，等于椭圆两个焦点之间的距离与轨道长轴的比值，$0 \leqslant e \leqslant 1$，当 $e=0$ 时轨道为圆形轨道。

- 轨道倾角 i：卫星轨道平面与赤道平面的交角，在升交点处从赤道平面逆时针方向量到卫星轨道平面的角度，决定了轨道的倾斜程度。$i=0°$ 时，卫星运行轨道即为地球赤道平面轨道；$0° < i < 90°$ 时，卫星运行轨道为顺行轨道，与地球自转方向一致；$90° < i < 180°$ 时，卫星运行轨道为逆行轨道，与地球自转方向相反。

- 升交点赤经 Ω：由春分点沿着赤道平面到卫星升交点的角度，

也是升交点的经度，取值范围为 0° ～ 360°。

- 近地点幅角 ω：沿卫星运行方向在轨道平面内，轨道近地点和升交点之间对地心的张角，从升交点测量到近地点，取值范围为 0° ～ 360°。若卫星运行轨道为圆形轨道，则 $\omega=0°$。

- 真近点角 φ：某一个时刻，从卫星运行中心即地球中心测量，卫星当前所在轨道位置与近地点之间的夹角，用来描述卫星在不同时刻的相对位置。

根据卫星的 6 个轨道参数可以确定任何时刻卫星的位置，其中，偏心率 e 和半长轴 a 决定了卫星运行轨道的形状和大小；轨道倾角 i 和升交点赤经 Ω 两个参数确定了卫星轨道平面与地球之间的相对定向；近地点幅角 ω 描述了开普勒椭圆在轨道平面上的运动方向；真近点角 φ 是时间的函数，确定任何时刻卫星在轨道上的瞬时位置。

2.2.3　卫星轨道类型

根据卫星 6 个轨道参数可知，卫星半长轴、偏心率、轨道倾角的变化均会引起卫星运动轨道的变化，根据这些参数，可对卫星轨道进行如下分类。

（1）按不同偏心率分类

偏心率为 0，卫星轨道为圆形轨道；偏心率不为 0，轨道为椭圆轨道。

（2）按不同轨道倾角分类

轨道倾角为 0° 时，卫星轨道与地球赤道平面重合，称为赤道轨道；轨道倾角为 90° 时，称为极地轨道；否则，称为倾斜轨道。

（3）按不同半长轴分类

轨道高度不同，卫星被分为低地球轨道（LEO）卫星、中地球轨道（MEO）卫星、地球静止轨道（GEO）卫星。

理论上，通过各种轨道参数的组合可以得到无数个卫星轨道，但实际中由于范艾伦辐射带（一个由高能粒子聚集形成的高能辐射带，会对卫星电子设备造成极大的损害）的存在，常用的卫星轨道非常有限，通常以轨道高度来简单区分卫星轨道类型。

- 低地球轨道：高度一般为 700 ~ 1500km，运动周期一般为 1.4 ~ 2.5h。优点是成本低、传播时延低、链路损耗小，缺点是多普勒频移明显。该轨道对卫星移动通信应用极为重要，全球移动卫星通信系统 Iridium 采用的就是该轨道。

- 中地球轨道：高度一般为 8000 ~ 20000km，运动周期一般为 6 ~ 12h，位于范艾伦辐射带之上。优点是中度成本、传播时延低，缺点是卫星体系复杂、有多普勒频移。运行于中地球轨道的卫星大多是导航卫星，如美国的 GPS、俄罗斯的 GLONASS、中国的北斗卫星导航系统等卫星系统。

- 地球静止轨道：位于赤道上空，高度约为 35786km，卫星在这条轨道上自西向东绕地球旋转，与地球自转一周的时间相等，从地面看卫星对地静止。优点是单颗卫星覆盖区域大、对地静止、无多普勒频移，缺点是传播时延大、轨道位置有限。对地静止轨道广泛应用于卫星遥感、卫星广播、卫星侦察等领域。

业余通信卫星大多属于中地球轨道、低地球轨道卫星，这是因为一般业余卫星的发射器、转发器的功率比较小，在中地球轨道、低地球轨道运行便于全球的业余无线电爱好者使用。然而，自20世纪60年代初第一次发射OSCAR卫星以来，国际间AMSAT的爱好者已经进行了许多技术创新，业余卫星的轨道特征也经历了3个阶段的演变。

第1阶段的业余卫星主要是低地球轨道卫星，如OSCAR-1至OSCAR-4和Iskra-2系列，卫星寿命比较短。第2阶段的OSCAR仍然是低地球轨道卫星，但卫星会被发射进更高的轨道，如OSCAR-6至OSCAR-8和UoSAT-OSCAR 9，且卫星寿命周期也明显变长。第3阶段的卫星被设计发射入高椭圆轨道，也被叫作高轨道，如OSCAR-10、13和40，可以为使用者提供更长的时间、更高的能量和更多样的通信转发器，并为使用者提供更大的卫星通信覆盖范围。业余卫星通信轨道的突破是第4阶段——地球同步轨道，卫星可以覆盖地球大部分区域并提供连续不断的通信服务。Es'hail-2的新卫星是为卡塔尔电信公司Es'hailSat建造的，2018年11月14日在美国佛罗里达州肯尼迪航天中心发射升空，主要用于向中东和非洲提供直接数字电视服务。它是地球同步轨道上的第一个业余无线电转发器，也是太空中第一个DATV应答器。

业余卫星轨道也经常按照其与地球赤道的几何关系分为斜角轨道、太阳同步轨道和高倾角轨道。斜角轨道是指与地球赤道相交成斜角的轨道，斜角越小，卫星穿越低纬地区所需时间越长，且存在被地球遮挡、需要依靠电池工作的情况。斜角为90°的轨道也被叫作太阳同步轨道，卫星围绕着两极运转，对地球上任何地方，卫星都至少以极高的高度出现一次，OSCAR-27/51等业余卫星就采用此类轨道。高倾角轨道能把卫星带到可行范围的离地最远点，从地面看，卫星在同一地点停留数个小时然后迅速下降，其优势是业余无线电爱好者可以在卫星的远地点开展长时间通联（可惜的是，目前没有可用的高倾角轨道业余卫星）。

另外，卫星和地球之间的空间特性决定了单颗卫星的可视范围受限，地面终端用户只能在卫星波束覆盖范围内与卫星建立点对点的无线连接，因此，在大多数情况下，单颗卫星难以实现全球或特定区域的不间断通信，解决问题的一个最直接方法就是利用多颗卫星协同工作，通过不同轨道面和空间位置的卫星部署组成卫星星座。在星座中每一颗卫星都有自己的运行轨迹，使对目标区域的覆盖能够实现补充和衔接。但目前业余卫星还没有发展到组成星座运行的程度，本书便不再赘述关于卫星星座的相关内容。

2.3　卫星信号的传输损耗

无线电信号是卫星与地面设备通信的载体，当空间电台和地面电台通信时，无线电信号必然在空间传输的过程中形成一定的损耗，这些损耗有空间通信距离产生的路径损耗，也有大气层、电离层及气候因素形成的环境损耗，还有接收条件变化而形成的多径和折射。

卫星通信中的无线电信号在空间路径中的损耗与距离、频率有关，一般用自由空间传播模型：

$$L_{fs} = 32.45 + 20\lg f + 20\lg d \qquad （2\text{-}4）$$

式（2-4）中，频率的单位为 MHz，距离 d 的单位为 km。除了在真空环境中距离和频率变化引起的自由空间损耗，在非真空的环境中，有大气层引起的损耗，还有大气电离后形成的电离层效应；此外，无线电波传播的环境中出现的雨雪天气也会对信号造成衰减。

空间高度与大气层、电离层关系如图 2-18 所示。

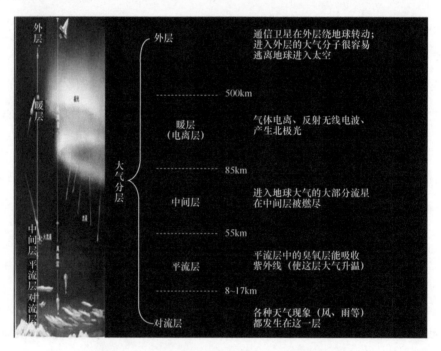

图 2-18　空间高度与大气层、电离层关系

2.3.1　大气吸收损耗

无线电信号在传播的过程，会因大气吸收而损耗一部分射频能量，

通常将损耗的这部分能量称为大气吸收（Atmospheric Absorption）损耗。这种损耗不同于气候和天气变化引起的损耗，在电波传播损耗的描述中，一般将天气影响产生的损耗称为大气衰减（Atmospheric Attenuation），如雨雪衰减。

图 2-19 给出了 ITU 的建议书 P.676-6（无线电波在大气气体中的衰减）中的统计数据，横坐标为频率，单位是 GHz，纵坐标为衰减，单位是 dB。

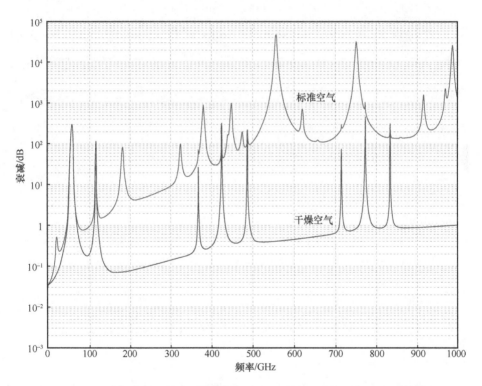

图 2-19 由大气气体造成的天顶衰减，以 1GHz 为步长，包括线中心
（标准：在海平面 7.5g/m³；干燥：0g/m³）

可以看出大气吸收所导致的损耗随着频率的变化而变化。根据图 2-19，0～100GHz 范围内干燥空气和标准空气的两条曲线基本重合，在此频段内有两个吸收的峰值，第一个吸收的峰值出现在 22.3GHz 处，这是由水分子对能量的吸收所导致的；第二个峰值出现在 60GHz 处，则是由氧分子的吸收所引起的。除这两个峰值频率外，其他地方的损耗处于较低的水平。一般情况下，卫星通信的上下行频率均应避开大气吸收损耗的峰值频段，业余卫星通信更是如此。

除了大气吸收引起的传播损耗，无线电信号在大气中传播还会出现大气闪烁（Atmospheric Scintillation）现象，这是大气层中存在不同的折射因子而导致的，这种不同会使无线电波在大气中传播时出现聚焦和散焦现象，从而导致许多不同传播路径的出现而引发信号衰落，衰落周期可达数十秒。另外，卫星通信链路上的雨雪天气也会对信号造成衰减。雨水衰减与降水量有关。

2.3.2 电离层效应

电离层（Ionosphere）是地球大气受太阳高能辐射及宇宙线的激励而部分电离的区域，从离地面约 50km 处开始一直伸展到约 1000km 高度的地球高层大气空域，其中存在相当多的自由电子和离子，能使无线电波改变传播速度，发生折射、反射和散射，产生极化面的旋转并受到不同程度的吸收。

无线电波在卫星和地面电台之间传播，必须经过电离层。电离层的自由电子不是均匀的，而是分布成层状，不同高度的电离层的电子浓度不同，主要有 3 层：D 层、E 层和 F（F1 与 F2）层，对无线电波的作用也不同。电离层中，大约在 300km 处，电子密度达到最大值，再往上电子密度缓慢下降，在约 1000km 处同磁层衔接。

电离层对无线电波的作用一般被称为电离层效应，电离层效应包括闪烁、吸收、到达方向变化、传播延迟、散射、频率波动、极化旋转等，所有这些衰减都会随着频率的增加而减小，而且多数与频率的平方成反比。上述电离层效应中，极化旋转和闪烁对卫星通信的影响比较大。

无线电波在空间传播的极化旋转由电离层在地球磁场的影响下起作用，在地球不同区域尤其是极地或赤道上空，电离层的浓度不同，再加上日出日落的影响，偏转角会有非常明显的变化，因电离层引起的极化旋转也被称为法拉第旋转。为更直接表示电波在不同频率穿透电离层时的法拉第旋转角数值大小，此处引用在（20° N,75° E）经纬度下采用国际参考电离层模型提供的计算结果，见表 2-2。

表 2-2　不同频率下的法拉第旋转角

序号	频率 /GHz	法拉第旋转角 /°
1	0.02	10800
2	0.144	720
3	0.432	360
4	1.4	12.1
5	6.8	0.51
6	10.7	0.21
7	18.7	0.07

续表

序号	频率 /GHz	法拉第旋转角 /°
8	23.8	0.04
9	37	0.02

注：表中太阳活动强度中等，太阳黑子指数为50.9，入射角为50°，方位角为18°。

可以看出，随着频率的增大，法拉第旋转带来的影响逐渐减小。在业余卫星通信常用的144MHz和432MHz频率处，法拉第旋转角为360°的整数倍，此时电离层带来的极化旋转角度的影响可以忽略。

2.3.3 其他损耗

除了基本的路径损耗，以及传播环境中大气层、电离层及气候因素造成的雨水衰减外，还有其他的一些影响因素，详见表2-3。

表2-3 传播影响因素

传播问题	物理原因	主要影响
天空噪声和衰减增加	云、大气气体、雨	10GHz 以上的频率
信号去极化	冰结晶体、雨	Ku 频段和 C 频段的双极化系统
大气多径和折射	大气气体	低仰角通信和跟踪
信号闪烁	电离层和对流层折射扰动	对流层：仰角低和频率高于 10GHz 电离层：频率低于 10GHz
反射阻塞和多径	地球表面和表面上物体	探测器的跟踪
传播变化、延迟	电离层和对流层	精确定位、定时系统

注：K 衰落是多径传输产生的衰落，反射波和直射波在到达接收端时存在行程差，导致相位不同，在叠加时产生电波衰落。这种衰落在湖泊、水面、平滑的地面时显得特别严重。

2.4　主要卫星通信技术

卫星通信可突破常规通信手段瓶颈，不受地理位置的影响，易于实现大范围广播和多址通信，不易受自然灾害影响。但是，卫星通信所需的电磁频谱和轨道资源都是有限的，要采用适合卫星通信特点的编码、调制、多址、组网等技术，充分利用卫星频谱和轨道资源，提高卫星通信的有效性和可靠性。

2.4.1　卫星通信编码方式

通信系统的作用是在信源与信宿之间提供一条快速、可靠、安全的交换信息的通道。但是，通信系统中电子设备及传输媒质等引入的各种噪声和干扰降低了通信的可靠性。在各种限制条件及噪声干扰下如何实现可靠而高效的信息传输是通信系统设计的关键问题。

通常，发送端对信息进行信源编码和信道编码，其中信源编码是为了提高信息传输的有效性，而信道编码是为了提高信息传输的可靠性。信源编码也被称为数据压缩，它是将信源输出信号有效地映射成符号序列的过程。与信源编码的数据压缩相反，信道编码是人为地按照一定规则增加冗余，以克服信息传递过程中受到的噪声和干扰的影响，使恢复的信源信息的错误概率尽可能小。

2.4.1.1　信源编码

为了减少信源输出符号序列中的冗余、提高符号的平均信息量，对信源输出的符号序列所施行的变换被称作信源编码。具体说，就是针对信源输出符号序列的特性来寻找某种方法，把信源输出符号序列变换为最短的码字序列，使后者的各码元所载荷的平均信息量最大，同时又能保证无失真地或者较好地恢复原来的符号序列。卫星通信常用数据格式包括语音、静态图像、传真、视频等类型，表 2-4 给出了卫星通信中常见的信源编码方式。

表 2-4　卫星通信信源编码方式

数据格式	信源编码方式
通用数据格式	曼彻斯特编码，哈夫曼编码，LZ 编码，算术编码
语音数据	G.711，G.721，G.722，G.723，G.728，G.729，G.729.1，G.729a，MPEG-1、MPEG-2 Audio Layer
静态图像数据	SSTV，JPEG，JPEG2000
传真数据	RTTY，MH，MR，MMR，JBIG
视频数据	MEPG-2，MPEG-3，MEPG-4，MPEG-7，MPEG-21，H.261，H.264

2.4.1.2　信道编码

信道编码的主要原理是在传输信息的同时，加入信息冗余，通过信息冗余来达到信道差错控制的目的。由于干扰等各种原因，数字信号在传输中会产生误码，从而使接收端产生图像跳跃、不连续、马赛克等现象。通过信道编码这一环节，对数码流进行相应的处理，使系统具有一定的纠错能力和抗干扰能力，可极大地避免码流传送中误码的产生。减小干扰的处理技术有纠错、交织、线性内插等。

卫星通信中常用的信道编码方式有两类，一类是前向纠错（FEC）码，其特点是当接收机利用冗余信息进行译码时，不需要反馈信道。

另一类是自动重传请求（ARQ），接收机利用冗余信息对传输信息进行差错检验，并将检验结果反馈给发送端，发送端根据反馈结果决定是否重发信息。此外，还可以将 FEC 和 ARQ 混合使用，即混合自动重传请求（HARQ），这是一种折中的方案，在纠错能力范围内自动纠正错误，超出纠错范围则要求发送端重新发送，既增加了系统的可靠性，又提高了系统的传输效率。

2.4.2 卫星通信调制方式

为使数字信号能在带通信道中传输，必须对数字信号进行调制处理。调制方式的选择与所用的信道有密切关系。卫星信道的主要特点是功率受限（有时也会频带受限），同时可能还具有非线性特性、衰落特性和多普勒频移。功率受限主要是由于卫星转发器的 EIRP 相对较小，传输损耗很大，但接收终端的天线增益相对较小，导致解调器输入端的信噪比很低（通常低于 10dB），远远低于有线 / 光纤通信系统及地面移动通信系统的 Eb/N0 值（通常为 30 ～ 40dB）。

卫星通信信道的非线性来自于高功率放大器，为了充分利用发射机的功率，其行波管放大器或固态功率放大器常常工作在非线性的饱和区，产生一些互调产物，信号会发生幅度失真和相位偏移，这就要求所采用的调制方式尽量具有恒定的包络（或者包络起伏很小）。卫星通信经常使用的模拟调制方式包括 CW、SSB 和 FM 等，数据调制方式包括 FSK、PSK，以及信息传输速率更高的高阶 APSK 和 QAM 等。

2.4.3　卫星通信多址方式

多址联接是指多个地球站通过同一颗卫星，同时建立各自的信道，从而实现各地球站相互之间通信卫星多址通信方式的一种方式。为了使多个地球站共用一颗通信卫星同时进行多址通信，又要求各地球站发射的信号互不干扰，需要合理地划分传输信息所必须的频率、时间、波形和空间，并合理地分配给各地球站。按照划分的对象，在卫星通信中应用的基本多址方式主要有 4 种：频分多址（FDMA）、时分多址（TDMA）、码分多址（CDMA）、空分多址（SDMA）。

2.4.4　卫星通信组网形式

卫星通信组网主要完成系统无线资源的分配、用户的管理与控制、业务的路由与交换等功能，另外还提供与地面网络的互联互通及业务接入点。常用的组网方式包括采用透明转发的星状网和网状网，以及采用再生转发的网状网。与透明转发方式相比，再生转发采用星上处理和星上交换，实现系统内终端的全网状通信。

2.4.5　业余卫星通信常用技术

截至目前，业余卫星的使用大多采用抢占、独占的模式，也有一些按照过境时间和爱好者的地理分布编制使用计划进行，不建设业务中心，不使用多址、组网等复杂通信技术。同时，业余卫星均采用较为简单、成熟并广泛应用的编码和调制方式，以向最大范围的业余无线电爱好者提供服务。业余卫星常用的编码方式包括 RTTY、曼彻斯特编码和 SSTV 等，调制方式包括 CW、SSB、FM、PSK 和 FSK 等。

2.4.5.1 业余卫星常用编码方式

（1）RTTY 编码

RTTY 是业余无线电界最早出现的数据通信方式，在第二次世界大战期间，原本用于有线电传打字的技术被转移到无线电来传输文字，战后业余无线电爱好者就利用一些淘汰下来的装备开始进行通联。RTTY 最早采用纸带打孔的方式编码，数据 1 则打孔，0 则不打孔。随着技术的发展，RTTY 也可以与 FSK 结合，使用较高的频率代表 1，较低的频率代表 0。

（2）曼彻斯特编码

曼彻斯特编码又被称为裂相码、同步码、相位编码，是一种用电平跳变来表示 1 或 0 的编码方法，其变化规则很简单，即每个码元均用两个不同相位的电平信号表示，也就是一个周期的方波，但 0 码和 1 码的相位正好相反。由于曼彻斯特编码在每个时钟位都必须有一次变化，其编码的效率仅可达到 50% 左右。在曼彻斯特编码中，每一位的中间有一跳变，该跳变既可作为时钟信号，又可作为数据信号。因此，发送曼彻斯特编码信号时无须另发同步信号，这降低了编码成本，适用于业余无线电等应用场景。

（3）SSTV 编码

慢扫描电视（SSTV，Slow-Scan Television）也被称为窄带电视，普通广播电视由于帧速为 25 ～ 30fps，需要 6MHz 的带宽，而 SSTV 的带宽只有 3kHz，每帧需要持续 8s 或若干分钟，因此通常用于静态图像传输。

SSTV编码中每一个亮度在图像中得到一个不同的音频频率值，换句话说，信号频率的变化标示了像素的亮度（通常是红色、绿色和蓝色）。业余无线电爱好者经常采用SSTV编码传输和接收单色或彩色静态图片。

2.4.5.2 业余卫星常用调制方式

（1）CW

CW的实质是通断键控（OOK），是幅移键控（ASK）的特例，属于调幅（AM）的一种极端情况，即通过对一个固定频率的连续波的通断控制来实现信息的调制。这种调制特别适合与莫尔斯码结合，将莫尔斯码中的点、划和间隔转化为CW的通断。而且CW信号占用的带宽较窄，能量比较集中，适合在频谱资源有限、设备简易的业余无线电通信中使用。

（2）SSB

单边带（SSB）信号从本质上来说也是一种调幅信号。由于调幅波要发射出去3个频率分量（载波、上边带、下边带），其中不携带有用信息的载波在发射功率中占用了大部分功率份额，所以调幅波的利用效率是比较低的。在调幅波频谱中的上下两个边带都含有相同的信息，为了提高发射功率的效率，而把其中一个边带和载波都消除掉，这个过程就叫作单边带调制，而最终输出的无线电信号就叫作SSB信号。根据发送边带的不同，单边带信号可分为上边带（USB）信号和下边带（LSB）信号。

（3）FM

产生FM信号的方法有两种：一种是直接调频法，另一种是间接调频法。直接调频法是用调制信号直接改变载波频率，间接调频法是用倍频法产生 FM 信号。倍频法首先利用窄带调频器来产生窄带 FM 信号，接着将产生的窄带 FM 信号变换成宽带信号。FM 解调器中的包络检波器和微分器则起到鉴相器的作用，而限幅器则是用来保持中频载波包络恒定的。经由微分器输出的调频信号经过包络检波器，被滤除直流分量，最后经过分路复用器得到频分多路复用信号。

（4）PSK

PSK 信号用载波的相位携带信息。MPSK 信号的载波相位共有 M 个可能的取值，每一个载波相位对应着 M 个符号集中的一个符号，在某一个符号间隔内，载波的相位取该符号对应的相位值。调制的过程就是将待传输的符号转换为载波的相位，而解调的过程则是将载波的相位转换为所传输的符号。通常待传输的信息流是二进制比特流，这时取 $M=2^n$，$n=1,2,3,\cdots$，即每 n 个二进制比特对应于一个符号。因此，在调制时还需要将二进制比特流转换为相应的符号，解调时再还原为二进制比特流。当 $M=2$ 时是 BPSK 信号，$M=4$ 时是 QPSK 信号，$M=8$ 时是 8PSK 信号，以此类推。随着 M 的增加，已调信号的频谱效率增加，而功率效率则下降。

（5）FSK

频移键控（FSK）用不同频率的载波来表示 0 和 1，在数据或频率变化时，一般的 FSK 信号波形（相位）是不连续的，因此高频分量比较多。如果在码元转换时刻 FSK 信号的相位是连续的，则称之为连续相位的 FSK 信号（CPFSK）。CPFSK 信号的有效带宽比一般的 FSK

信号小，最小相位频移键控（MSK）就是一种特殊的 CPFSK，属于恒包络调制方式，能够产生相位连续、包络恒定的调制信号。MSK 的频谱主瓣能量集中，旁瓣滚降衰减快，频带内的利用率比较高，因此被广泛应用在 CDMA、GSM、数字电视、卫星通信等方面。

第三章　卫星研制和发射

随着微电子技术和微电子机械技术的发展，以及微纳卫星社会价值和商业价值的不断展现，业余卫星的设计、制造、发射也日渐增多。本章简要介绍了卫星设计的主要考虑因素，罗列了全球著名的卫星发射场和运载火箭，着重介绍了卫星网络资料国际申报、协调、维护的相关知识，以供有志于研制和发射卫星系统的业余爱好者参考。

3.1　卫星研制

3.1.1　卫星设计

卫星的研制是一项非常庞大、复杂的工程。简单来讲，可以分为卫星设计、平台选择、载荷制造 3 个主要部分。其中，卫星设计是重中之重。

如图 3-1 所示，要做卫星的整体设计，首先要明确卫星上天的任务或目标。这个目标包括主要目标和从属目标。主要目标就是卫星的主要任务，所谓的从属目标指的是为了分担成本，搭载的其他任务。

主要目标是通过实现具体的功能要求来满足的，功能要求直接决定了载荷的设计。另外，约束条件，比如资金方面的约束、搭载火箭方面的要求、应用空间的约束等，都要全面进行考虑。然后根据载荷设计提出的空间要求开展轨道的设计。这一过程是为了应对空间产生的约束来开展设计的。轨道的设计几乎包括了卫星生命周期里的方方面面。根据任务确定轨道以后，还要进行相应的能源分析、测控通信分析等。

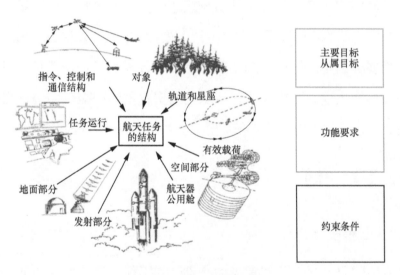

图 3-1　卫星的整体设计

　　设计完成后，从分工的角度来讲，卫星的研制可以分为平台选择和载荷制造两个大部分。不同的卫星有着不同的任务，如遥感、气象探测、通信等。卫星上装载的用于执行任务的仪器设备一般被称为载荷，为载荷提供支撑、供电、机动能力、数据传输等要求的部分被称为卫星平台，如图 3-2 所示。我们从平台选择和载荷制造两个方面切入讲述卫星的研制。

图 3-2　卫星平台

3.1.2　平台选择

卫星平台在英文中被形象地称为"Bus"，我们可以把不同的载荷理解成这辆"Bus"里的乘客。跟搭载乘客一样，一个平台里可以搭载多个载荷，完成不同的任务。平台的设计需要根据搭载载荷的需求进行综合考虑，如载荷的大小、需要的空间、用电量、质量、电磁兼容要求等。

最初的卫星制造，如最早的 Sputnik、我国的东方红卫星等，实际上都没有明确的载荷和平台概念。随着卫星数量的不断增加，为载荷提供支撑的这些单机基本上会形成一些非常接近的设计，这样一来就不需要每次进行重复的设计，而是面向类型的需求完成一个固定的平台的设计方案，在确定了载荷的设计之后，再根据对资源的具体需要选择不同的平台。打个比方，可以将乘客的数量类比为载荷的多少，如果乘客有两人，那么就选择小型的"商务车"；如果乘客有 20 个人，"商务车"就不能满足出行要求，就需要选择"大巴车"。

当然这不是唯一的划分方法，也有用卫星的敏捷程度来划分平台的更细化的划分方法，而且卫星平台本身也不是百分百定型的，也能做一些局部的调整。

3.1.3 载荷制造

如前文所述，卫星上装载的用于执行任务的仪器设备一般被称为载荷，是直接执行特定卫星任务的仪器、设备或分系统。有效载荷的种类很多，即使是同一种类型的有效载荷，性能差别也很大。

需要根据卫星任务的目标选择不同的载荷进行购买或定制。比如，通信卫星的有效载荷包括通信转发器和天线；导航卫星的有效载荷包括卫星时钟、导航数据存储器及数据注入接收机；侦察卫星的有效载荷包括可见光胶片型相机、可见光电荷耦合器件（CCD，Charge Coupled Device）相机、雷达信息信号接收机（信道化接收机、测向接收机）和天线阵及大幅面测量相机等。

单一用途的卫星一般装有几种有效载荷。随着航天技术的不断发展，有效载荷也在逐步向低功耗、小质量和小体积的方向发展，从而为提高卫星有效载荷比提供基础。对于对地观测卫星而言，把多种遥感器安装在一颗卫星上完成不同的任务，将是提高效益费用比的主要方式。

3.1.4　业余卫星制造

在轨的通信、导航、遥感类卫星，绝大部分是由专业的卫星制造机构或企业制造的，但是业余卫星属于其中的"异类"。不同于这些专业的卫星，业余卫星有自己的技术特点，这些技术特点也决定了业余卫星的制造更简单、更快速，部分卫星甚至是由业余卫星爱好者自己设计并制造完成的。

首先，从总体设计角度来讲，业余卫星的任务比较简单，这决定了卫星的质量和体积相对较小，大多属于微型、小型卫星，因此可以在卫星的总体上打破传统大卫星的分系统界线，以任务为中心强调功能集成和硬件系统集成，采用多功能结构并充分发挥软件功能。业余卫星的设计思想主张任务专一，简化设计，采用成熟技术和模块化、标准化硬件，形成公用卫星平台，在可靠性设计方面尽量减少冗余，或采用无冗余设计。

在卫星姿态控制系统的设计方面，专业卫星一般有通信质量要求，因此在卫星过境的时候，需要由姿态控制系统控制卫星姿态，以便星载天线指向方向在地面通信系统的通联范围里。而业余卫星的通联任务并没有强制性通信质量等方面的要求，携带的通信设备也比较简单，通信系统通信频段较低，天线波束角度宽，所以对卫星在过境时的姿态要求不高，不需要其以很精确的姿态与地面电台进行通信。因此，卫星任务对姿态稳定方式的适应性非常强。

在卫星和载荷制造方面，业余卫星的成本相对较低。业余卫星计划所需经费都由业余无线电卫星爱好者个人、业余无线电卫星组织和有关社会团体资助，卫星制造在满足任务需求的情况下大量使用廉价的商业级元器件以降低成本。业余无线电卫星爱好者是狂热的探索者，卫星项目管理层次简单，效率极高，有些小的卫星计划只有几个人运作，项目周期通常为两到三年，最短的只有半年。

在轨道选择方面，对于业余卫星来讲，卫星任务对轨道的适应性很强，一般不会特别指定轨道高度和类型，因此非常适合"搭便车"。目前对于商业卫星来讲，发射费用是一笔不小的开支，一般在 15 万元 /kg 的量级。一颗 100kg 的小卫星发射费用大约为 1500 万元。由于业余卫星的经费有限，一般采用"搭便车"的方式去解决发射费用。航天部门免费或只象征性地收取少量费用来搭载业余卫星发射。

第一颗业余卫星 OSCAR-1，作为"雷神－阿金纳 B"火箭末级配重，在 1961 年 12 月 12 日发射专业卫星时一起进入太空。卫星质量为 4.5kg，有一部工作在 145MHz 业余无线电频段的信标机，输出功率为 140mW，采用化学电池供电，卫星轨道的远地点分别为 372km 和 211km，倾角为 81.2°，运行周期为 91.8min，正常工作了 22 天，总共有 28 个国家超过 570 名业余无线电卫星爱好者提交了卫星无线电信号接收报告。

OSCAR-1 的成功充分证明了：业余无线电爱好者有能力设计和制造能可靠工作的人造卫星，与航天部门进行技术协调，跟踪人造卫星并采集和处理相关的科学和工程数据。

目前，业余卫星的制造、发射和应用技术已经比较成熟，一方面，微电子技术和微电子机械技术的发展使以前难以实现的技术变得简单；另一方面，许多政府部门和商业机构逐渐了解到微小型卫星潜在的社会价值和商业价值，业余无线电爱好者的探索得到更多的支持。此外，专业应用卫星技术已经成熟，国际商业发射如日中天，空间技术的飞速发展使业余卫星有更多的搭载机会。

从 1961 年至今，全世界研制和发射的业余卫星超过 100 颗，参与策划、设计和制造业余卫星的国家既有发达国家，也有发展中国家，参加业余卫星通信活动的业余无线电爱好者遍及世界上的大多数地方。

3.2　卫星发射

3.2.1　卫星发射概述

人造卫星到达预定轨道开展任务，离不开运载火箭这个具有高技术含量的交通工具，发射场的选择也颇有讲究。

3.2.1.1　全球发射场概述

航天发射场是专门供运载火箭发射航天器的场所，是航天器工程大系统的重要组成部分，用来支持航天器发射前的各种准备工作和发射操作。航天发射场的纬度具有十分重要的意义，研究表明纬度越低地球自转速度越大，火箭可以利用惯性离心力，节省推力以携带更大的载荷。同时，当低纬度发射场发射地球同步轨道卫星时，由于夹角偏小，卫星到地球同步轨道所需燃料较少。发射场的选址还应具备天气干燥、降水少，多晴朗天气、大气可见度高，地势平坦等特点。

世界十大航天发射场地包括美国肯尼迪航天中心、西部航天和导弹试验中心，俄罗斯拜科努尔航天发射场、普列谢茨克航天发射基地，中国酒泉卫星发射中心、西昌卫星发射中心，日本种子岛宇宙中心，欧洲航天发射中心，意大利圣马科发射场和印度斯里哈里科塔发射场。半个世纪以来，各航天大国建立了功能齐备、设施完善的航天发射中心。

我国的航天发射场一共有 5 个，分别是酒泉卫星发射中心、西昌卫星发射中心、太原卫星发射中心、文昌航天发射场、中国东方航天港（海上发射中心母港）。

3.2.1.2 全球运载火箭概述

运载火箭是由多级火箭组成的航天运载工具，通常由 2~4 级火箭组成，按不同属性可分为一次性运载火箭和可重复使用运载火箭；单级运载火箭和多级运载火箭；固体火箭、液体火箭、固液混合火箭和混合动力火箭。运载火箭的主要技术指标包括以下几项。

- 运载能力：指能够送入预定轨道的有效载荷质量。
- 入轨精度：指有效载荷实际运动轨道和预定轨道的偏差。
- 可靠性：指在规定环境下按预定程序将载荷送入预定轨道的概率。

全球主流的运载火箭如下。

美国：宇宙神 -5 运载火箭、德尔塔 -2 运载火箭、德尔塔 IV 型重型火箭、米诺陶 1 号 /4 号 /5 号火箭、"金牛座"运载火箭、飞马座号运载火箭、猎鹰 9 号火箭、安塔瑞斯号运载火箭。

俄罗斯：安加拉号运载火箭、第聂伯号运载火箭（与乌克兰合作）、天箭号运载火箭、静海号运载火箭、质子 -M/K 运载火箭、呼啸号运载火箭、起飞号运载火箭、联盟号运载火箭、波浪号运载火箭、天顶 -2/3SL/3F 运载火箭。

中国：长征二号丙 / 二号丁 / 二号 F/ 三号甲 / 三号乙 / 三号丙 / 四号乙 / 四号丙 / 五号 / 六号 / 七号 / 十一号、快舟一号 / 一号甲。

欧洲航天局：阿丽亚娜 5 型运载火箭、织女星运载火箭。

日本：H-IIA 运载火箭、H-IIB 运载火箭。

以色列：沙维特运载火箭。

巴西：卫星运载火箭。

韩国：罗老号运载火箭。

朝鲜：银河 2 号 /3 号运载火箭。

伊朗：信使号运载火箭。

我国航天火箭图谱如图 3-3 所示。

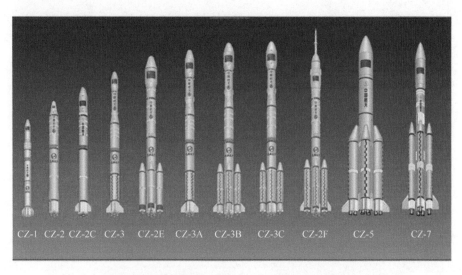

图 3-3　我国航天火箭图谱（来源：中国运载火箭技术研究院）

3.2.1.3　卫星搭载火箭约束条件

运载火箭负责将卫星送到预定轨道，运载火箭的推力由其发动机和燃料决定，因此运载火箭将目标物体送入预定轨道的载荷质量是有上限的。卫星质量超过运载能力时无法将卫星送入预定轨道，卫星发射首要考虑的就是选择合适的火箭型号。除了首要考虑的质量问题，卫星和火箭的匹配还需要考虑以下因素。

（1）卫星质量特性的约束

卫星质量特性的约束主要包括质心约束和转动惯量约束。由于需要考虑运载火箭姿态控制的要求，如果卫星质量特性偏差较大，容易影响入轨精度和分离姿态偏差。

（2）频率约束

主动段飞行中卫星与运载火箭不能发生共振现象，需要将卫星和运载的振动主频率错开，一般要求卫星的频率高于运载的频率，并保留一定的余量。

（3）静态环境约束

由于发动机的推力，主动段飞行过程中卫星会受到一定的静过载，卫星需要有足够的强度来承受静过载。

（4）动态环境约束

卫星的正弦振动环境主要发生在发动机启动/关机过程、跨声速过程和级间分离过程。卫星受到最大的噪声发生在起飞段和跨音速段，卫星要能够承受振动环境和噪声环境。

（5）冲击环境约束

星箭分离时卫星会受到较大的冲击，其一般采用的火工品解锁会产生较大的冲击，特别是晶体振荡器等敏感设备容易受到影响。

（6）包络和机械接口约束

卫星的包络尺寸需要小于整流罩的包络尺寸，卫星安装接口满足火箭的机械接口要求。

（7）功率约束

采用上面级直接入轨的情况下，卫星在联合飞行过程中需要上面级供电，因此卫星的功率不能超过上面级的供电能力。

（8）搭载主星约束

对于业余小卫星来说，通常其发射时会以搭载的形式和主星一起入轨，因此选择火箭时需要考虑与主星的兼容问题，做到不影响主星和搭载星的正常入轨。

3.2.1.4 卫星发射方式

火箭将卫星送入预定轨道，视搭载载荷预计轨道类型的不同，可将发射方式简单分为以下几种类型。

（1）直接入轨

这种入轨方式将卫星直接送到预定的运行轨道，通过运载火箭各级发动机的接力工作，最后一级发动机工作结束后，卫星进入预定轨道。这种入轨方式适合发射低地球轨道卫星。

（2）滑行入轨

这种入轨方式是指，运载火箭各级发动机工作结束，脱离卫星后，卫星会依靠惯性自由飞行一段的入轨方式。滑行入轨分为发射段、自由飞行段和加速段 3 部分组成，适用于中地球轨道卫星和高地球轨道卫星的发射。

（3）过渡入轨

这种入轨方式是指，运载火箭各级发动机工作结束，脱离卫星后，卫星会有一段时间处于"停泊"的状态，然后通过加速，过渡到预定的轨道。过渡入轨分为发射段、停泊轨道段（通常"停泊"在距地球表面 200km 左右的圆轨道上）、加速段、过渡轨道段（远地点距离地球表面 36000km 的椭圆轨道）和远地点加速段。这种入轨方式适用于发射地球同步轨道卫星。

3.2.2　卫星网络资料申报、协调、维护

当前，全球卫星产业发展如火如荼，卫星频率轨道资源越发紧缺，特别是地球同步轨道的频率轨道资源更是如此，没有卫星频率轨道资源就无法正常开展无线电业务，因此卫星频率轨道资源是一种战略性和稀缺性资源。

卫星网络资料的申报、协调、维护是获得频率轨道资源国际地位的必要条件，ITU 在《国际电信联盟组织法》和《无线电规则》的框架下，制定了具体完备的频率轨道资源获取流程。对于业余卫星来说，获取卫星频率轨道资源主要有以下 3 个程序：国内卫星网络资料的申报、国际业余无线电联盟的频率协调和国际电联的卫星网络资料维护。

3.2.2.1 国内卫星网络资料的申报

在我国，各卫星操作者依据自身卫星发展规划向国家主管部门提出申报申请，经主管部门审查和批准后，由国家主管部门向国际电联进行申报，卫星网络资料的成本由操作者承担。我国的无线电主管部门为工业和信息化部，具体负责部门为无线电管理局，相关资料的技术审查由国家无线电监测中心负责。

卫星网络可分为规划频段卫星网络和非规划频段卫星网络。自2017 年 1 月 1 日起，申报阶段将正式变为协调阶段（提前公布资料和协调资料）和通知登记阶段（通知资料）两个阶段，卫星网络资料的有效期为从协调资料收到的日期起算的 7 年内。国内关于申报卫星网络资料的法律法规有以下 3 个。

- 《卫星无线电频率使用可行性论证办法（试行）》，其中第十条规定了卫星无线电频率使用可行性论证报告应当包含的内容，诸如工程背景、频轨资源需求分析、合规性检查、协调态势分析、兼容共用分析和风险应对策略等内容。

- 《卫星网络申报协调与登记维护管理办法（试行）》，其中第七条规定了卫星操作单位在申请卫星网络资料时应向工业和信息化部提交的材料清单。

- 《卫星网络国际申报简易程序规定（试行）》，按照该规定第二条的"（二）拟申报遥感和空间科学非静止轨道卫星网络"，业余卫星可以依据简易程序进行资料申报，可以简化卫星网络的申报流程。

3.2.2.2　国际业余无线电联盟的频率协调

随着业余和商业卫星数目的增加，频率协调变得至关重要。按照我国业余无线电的相关流程，在申报业余业务卫星网络资料前需要获得业余无线电协会的书面同意，并完成国际业余无线电联盟（IARU）的频率协调。IARU 的主要任务是在非商业基础上保护合格运营商的频谱访问。

国际电联和区域电信组织承认 IARU 是业余和业余卫星服务的代表，它们在 WRC 进程中发挥了重要作用。IARU 的会员协会有责任代表 IARU 向其国家电信管理机构和监管机构报告。

开展 IARU 的协调需要向 IARU 卫星协调顾问发起协调请求，填写频率协调请求的表格，该表格的主要内容有卫星信息、业余业务操作证信息、申请单位信息、电台任务和频率信息、测控遥测信息、典型地球站信息和发射计划。IARU 的协调状态主要内容包括正在频率协调的卫星、已经完成频率协调的卫星和一些常用的工具表格。

所有历史业余卫星的频率信息包含卫星名称、编号、上行频率、下行频率、信标、调制方式和呼号。

3.2.2.3　国际电联卫星网络资料维护

卫星网络资料还需依据《无线电规则》相应的条款，维护卫星网络资料的有效性，主要包括以下 4 个方面的工作。

（1）卫星网络协调

卫星操作单位应当按照有关要求，及时、准确、积极地开展卫星网络协调等信函处理工作。在信函处理工作中，卫星操作单位应草拟完整的信函处理意见并附上相关说明材料，由工业和信息化部回复相关国家主管部门或国际电联。

（2）国际电联周报处理

卫星操作单位应按有关要求，及时、准确处理国际电联频率信息通报。卫星操作单位应就国外卫星网络对中方卫星网络的干扰情况、双方协调完成状态等信息进行分析并提出协调意见。

（3）参数变更处理

卫星投入使用后，卫星操作单位应按卫星网络资料规定的参数范围及达成的协调协议开展工作。超出卫星网络资料参数范围的，应当向工业和信息化部报送卫星网络的修改资料或重新报送资料。

（4）国际电联来函和回函工作

卫星操作单位应及时回复国际电联就申报卫星网络资料完整性、有效性等有回复时间限制的来函，发布有效性文件投入使用、暂停使用、恢复使用和延期使用等信息的信函。

第四章　业余卫星地球站

　　业余无线电爱好者们如果想利用业余卫星实现通联，就必须要借助卫星地球站。业余卫星地球站指标的高低直接关系到业余卫星通信的效果。所以，作为一名业余无线电爱好者，应当深入了解业余卫星地球站的工作原理，以便能更好地使用业余卫星地球站进行通联。本章首先简要介绍了通用卫星地球站的基本结构、常见技术指标，然后重点讲解了业余卫星地球站的组成及各组成部分的主要功能，并对业余卫星通信中的常用天线、收发信机、卫星跟踪和天线控制软件做了详细介绍。

4.1　基本结构

　　卫星通信地球站是卫星通信系统的重要组成部分，主要实现地面和卫星之间无线电信号的发射与接收、信息传递、卫星在轨管理与维护等功能。本节中，我们将介绍通用卫星地球站的基本结构和用于业余通联活动的地球站的基本组成。

4.1.1 卫星通信地球站

卫星通信地球站（Earth Station of Satellite Communications），是指卫星通信系统中设置在地球上（包括大气层中）的通信终端站。用户通过卫星通信地球站接入卫星通信线，进行相互间的通信。主要业务为电话、电报、传真、电传、电视和数据传输。

4.1.1.1 基本原理

卫星通信地球站负责处理来自地面的信息，将处理后的信息发送到卫星，并将接收到的来自卫星的信息，分发给相应的地面网络用户。一般情况下，通信业务地球站主要由地面网络接口、基带设备、编 / 译码器、调制 / 解调器、上 / 下变频器、高功率 / 低噪声放大器和天线组成，基本原理如图 4-1 所示。

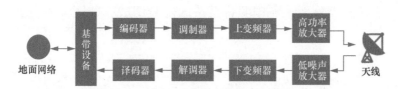

图 4-1 地球站基本原理

在地球站的发送端，将来自地面网络的电话、电视、数据等业务信息，经过电缆、光缆或微波中继等地面通信线路汇聚到地球站，经用户接口转到基带处理器，变换成基带信号，并通过编码器加入适合卫星通信链路传输的纠错编码，由调制器将其调制为中频载波，经上变频器转换为适用卫星链路传输的射频信号，再通过高功率放大器，将射频信号放大到适当的电平，由天线发送到卫星上。整个通路也被称为卫星的上行链路。

在地球站的接收端，将地球站天线接收到的来自卫星发射的低电平射频信号，经过低噪声放大器放大后，由下变频器将射频信号变为中频信号，然后将中频信号再次放大后送达解调器，经过解调和译码后恢复出基带信息，再由基带设备处理后传送到地面网络。这个从卫星到地面用户的信息转换过程被称为卫星的下行链路处理过程。

地球站用到的设备种类较多，一般可将它们分为两大类：一类是上 / 下变频器、高功率 / 低噪声放大器和天线等射频终端设备；另一类是基带设备、编 / 译码器、调制 / 解调器等基带终端设备。这两类设备一般通过中频电缆线连接。

标准的卫星地球站由天线分系统、发射分系统、接收分系统、终端分系统、监控分系统和电源分系统 6 部分组成，如图 4-2 所示。

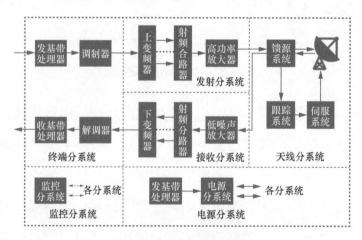

图 4-2　地球站的分系统

天线分系统：负责发送和接收无线电信号，完成卫星的跟踪任务。

发射分系统：将终端分系统发送来的基带信号进行调制，经上变频和功率放大后，由天线发送至卫星。

接收分系统：将天线分系统接收到的从卫星传来的微弱信号进行放大，经过下变频和解调后，变成基带信号发送至终端分系统。

终端分系统：主要处理经地面接口线路传来的各类信息，形成适合卫星信道传输的基带信号，以及将接收系统收到并解调的基带信号进行与上述相反的处理，再经地面接口线路发送到各有关用户。

监控分系统：主要可分为监测与控制两部分，前者负责设备与信号的数据采集、报警、呈现等工作；后者则负责处理监测数据与报警信息，对系统设备进行控制而达到正常输出。

电源分系统：主要用来为站内设备提供电源，但是公用交流市电会引入杂波，并且不稳定，所以必须采取稳压和滤除杂波干扰的措施。地球站的大功率发射机所需电源必须是定电压、定频率并且高可靠的不中断电流。

4.1.1.2　常见技术指标

规范地球站设备的性能，并提出相应的技术指标的目的是为用户所需要的通信传输能力（传输速率）、通信质量和系统的电磁兼容性提供保障。

表征地球站性能的主要指标包括工作频段、极化方式、发射系统的等效全向辐射功率（EIRP）、接收系统的品质因数（G/T）等。

工作频段：规定地球站应覆盖所链接的通信卫星某一或某几

种工作频段，便于系统对卫星频率资源的分配。地球静止轨道卫星的地球站一般是单频段工作的，经常工作于 C 频段，或 Ku 频段、Ka 频段。

极化方式：地球站天线发射和接收的电磁波，可采用线极化或圆极化的方式。极化是指电磁波电场矢量末端轨迹曲线，若轨迹曲线为直线，则被称为线极化（按电场方向与地表面平行或垂直分为水平或垂直极化）；若为圆形，则被称为圆极化。从电磁波的传播方向看去，电场矢量是顺时针方向旋转画圆时称为右旋圆极化；若是逆时针的，便称为左旋圆极化。电磁场理论表明，相互正交（水平与垂直线极化、右旋与左旋圆极化等）的极化波没有能量交换，即为相互隔离的，利用此特性可实现频率复用。如采用水平线极化和垂直线极化来使用同一微波频率，使通信容量加倍。地球站的极化方式要与卫星的相匹配，并根据需要设置为具有单极化或双极化的功能。

发射系统的等效全向辐射功率（EIRP）：将天线的定向辐射能力和地球站的发射机综合，用以表征地球站的发射能力，通常用分贝数（dBW）表示。地球站的 EIRP 值应该保持在规定值 ±0.5 的范围以内。

接收系统的品质因数（G/T）：指地球站天线的接收增益 G 和接收系统的噪声温度 T 的比值，用以表征地球站对无线电信号的接收能力。

4.1.2　业余卫星地球站

目前，业余无线电爱好者大多通过使用和特高频（UHF）与甚高频（VHF）收发信机相匹配的高增益定向天线，与跟踪到的业余无线电卫星进行通联。受到发射成本的限制，大多数业余无线电卫星被发射到距地球较近的非静止轨道，因此业余爱好者通联的时间通常非常有限。

一个功能齐备的业余卫星地球站通常由以下系统组成，分别是天馈系统、电台系统、辅助系统等（见图 4-3）。

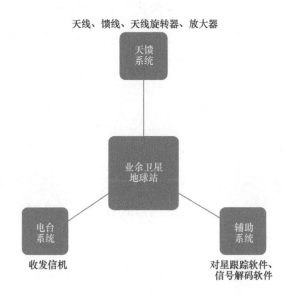

图 4-3　业余卫星地球站的功能

4.2　天线选择

天线是通信系统至关重要的部分，天线性能的好坏直接关系到通联的成败。如果使用性能很差的天线，功能再齐全、性能再好的收发信机也几乎毫无价值。天线系统是业余卫星地球站最关键的部分之一，其性能指标直接影响地球站的通联效果。

业余卫星通联过程中，除使用双波段天线外，大多数爱好者使用两副天线，分别用于发射（上行链路）和接收（下行链路）。

增益和方向性是天线的重要指标，一副天线在某个频率上的辐射图和增益取决于这副天线的尺寸和形状，以及天线的位置和相对于地球的方位。圆极化天线相对于线极化天线，能够减少地球站天线与卫星天线的极化冲突而造成的对接收效果的影响，但水平极化或者垂直极化同样可以用于业余卫星通信。

4.2.1　全向天线

全向天线增益较低，在使用时无须对准目标，不需要天线旋转器，对于具有高灵敏度接收机和具备较大功率发射机的低地球轨道卫星比较实用。对于全向天线，获取最佳通联效果的是具有能够最大限度减少极化冲突和无效辐射的区域。

下面介绍 4 种在业余卫星通信中常用的全向天线。

（1）打蛋器天线

如图 4-4（a）所示，打蛋器天线一般由两个互成 90° 的全波长刚性金属丝或管状金属环组成，产生一个圆极化的辐射图。在金属环下方，可以使用一个或者多个无源反射振子，使辐射图更大幅度地向上调整。经验表明，当反射振子安装在金属环正下方时，天线垂直方向增益最高；在水平方向，天线呈现出水平线性极化，可以接收地面 VHF/UHF

频段的微弱信号。随着仰角增加，辐射图呈现出更明显的右旋圆极化，这使打蛋器天线成为业余卫星通信的理想天线。自制打蛋器天线相对比较容易，但也有一些可用的成品天线。

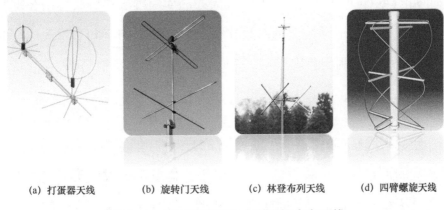

| (a) 打蛋器天线 | (b) 旋转门天线 | (c) 林登布列天线 | (d) 四臂螺旋天线 |

图 4-4　业余卫星通联中常用的全向天线

（2）旋转门天线

如图 4-4（b）所示，旋转门天线可由两副互成 90° 的水平半波偶极天线及其下方反射器组成，并且"十字"振子和反射器之间最好保持 3/8 波长的距离，从而获得更好的圆形辐射图。旋转门天线比较容易自制，但很少有成品提供。

（3）林登布列天线

如图 4-4（c）所示，林登布列天线主要采用 4 根偶极子，每根偶极子与水平面倾斜 30°，等距安放在 1/3 波长直径的圆内，每根偶极子天线同相等效接入，当所有信号组合在一起时，偶极子天线的间距和倾斜角形成了所需的辐射图。林登布列天线虽然比打蛋器天线或旋转门天线更复杂，但它形成的均匀圆极化模式在业余卫星通联应用中更高效。

（4）四臂螺旋天线

如图 4-4（d）所示，四臂螺旋天线由 4 根等长的导线缠绕在螺旋形上组成，形成近乎完美的圆极化模式，是最好的全向卫星天线。四臂螺旋天线的自制具有挑战性，有成品供应，但是价格昂贵。

4.2.2　定向天线

定向天线具有更高的增益和更好的方向性，能够接收到更高质量、更稳定的信号。但其缺点也在于方向性，需要手动或使用天线旋转器来调整天线实时指向通联的卫星。典型的定向天线有八木天线、螺旋天线和抛物面天线。

（1）八木天线

如图 4-5（a）所示，八木天线由一个偶极子和多个紧密耦合的寄生振子（通常是一个反射器和一个或多个引向器）组成，比偶极子长大约 5% 的反射器在偶极子的后面，引向器在偶极子的前面，相位通过反射器的相消和引向器的增强，形成一个指向性辐射图。因此，八木天线的引向器越多，方向性越强，增益越高，天线的方向图越汇聚。相应地，瞄准卫星时需要的角度更精确，对于快速通过的低轨小卫星是一个不小的挑战。两副分别安放成水平极化和垂直极化的八木天线，以 90° 相位差结合起来就成为圆极化天线，这种阵列设计也被称为"十字"八木天线。

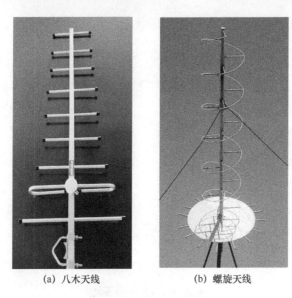

(a) 八木天线　　　(b) 螺旋天线

图 4-5　定向天线

另外，还可以将两副独立波段的线性八木天线安装在同一主杆，形成双波段八木天线，最常见的是 2m 和 70cm 波段天线，使用两根独立馈线或单根馈线和天线共用器连接。此外，还有环形振子八木天线，在微波频率上最实用也最常见。

（2）螺旋天线

螺旋天线是另一种圆极化天线，并且具有较大的带宽和较高的增益。线圈逆时针方向绕线离开反射面时螺旋天线产生左旋圆极化，顺时针方向绕线则产生右旋圆极化。工作于 70cm 波段的大型螺旋天线如图 4-5（b）所示。

（3）抛物面天线

抛物面天线是常见的用于业余卫星无线电在微波频段通信的高性能天

线，根据馈源位置分为正馈型和偏馈型，分别如图 4-6（a）、图 4-6（b）所示。可以通过改造卫星电视天线等方法自制抛物面天线，此外，还可以购买受到业余卫星通联爱好者欢迎的烧烤碟形天线，如图 4-6（c）所示。

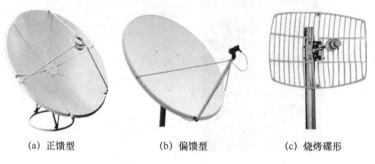

（a）正馈型　　　　　　（b）偏馈型　　　　　（c）烧烤碟形

图 4-6　抛物面天线

表 4-1 对业余无线电爱好者经常使用的天线的性能进行了简单归纳总结，读者可根据收发信机、通联卫星等情况选择合适的天线。

表 4-1　业余卫星天线主要特性

天线名称	方向性	增益	极化类别	主要特点
垂直地网天线	全向	低	线极化	成本低；使用简单，不需要对准目标；增益低，顶部正上方范围内为无效区域
打蛋器天线	全向	较低	圆极化	易于制作，使用时不需要对准目标，具有向上的辐射图；低仰角性能较差
四臂螺旋天线	全向	较低	圆极化	波阵面传播倾斜方向的不同引起信号的衰落，在全向卫星天线中排名最高，制作难度较大
旋转门天线	全向	较低	圆极化	易于制作，方向图近似圆形，辐射图幅度较宽，具有向上的辐射图

续表

天线名称	方向性	增益	极化类别	主要特点
林登布列天线	全向	较低	圆极化	创造一个均匀的圆极化模式，更高效；在较低的仰角具有较大的增益；制作复杂，难度大
盘锥天线	全向	较低	线极化	具有很好的低仰角捕获范围，接收信号过程中会出现零点衰落
对数周期天线	定向	较高	线极化	400MHz 时增益约为 10dB，方向图波束宽度一般为几十度，天线效率较高，工作频带宽，阵子数越多，方向性越强，半功率角越小
八木天线	定向	高	线极化	引向器越多，方向性越强，增益越高，方向性越好，天线方向图更狭窄，瞄准卫星时天线必须有更高的精确角度；频带宽度窄
轴向螺旋天线	定向	高	圆极化	螺旋天线的一种。沿轴线方向有最大辐射，输入阻抗近似为纯电阻，工作频带较宽
抛物面天线	定向	高	由所用馈源决定	方向性强，能向一个特定的方向汇聚无线电波到狭窄的波束，或从一个特定的方向接收无线电波；主要用于微波频段

4.3　收发信机

4.3.1　收发信机硬件设备

大多数业余无线电爱好者使用包含 UHF 和 VHF 频段及 HF 频段的收发信机与业余无线电卫星进行通联。绝大多数在 2m 和 70cm 波段具有独立接收和发射的双频段调频收发信机可以接收和发送经卫星转发器转发的调频信号，大多数双频段设备提供 30 ～ 50W 的大功率输出，足以使用全向天线将信号发送到卫星。

一般的业余收信机能支持 29MHz、145MHz、435MHz、2.4GHz、10GHz 和 24GHz 频率，发信机能支持 21MHz、146MHz、435MHz、1.2GHz、2.4GHz 和 5.7GHz 频率。

通常业余无线电卫星通过转发器来工作，转发器主要分为数字信号转发器和模拟信号转发器，对应到地面的发射和接收设备为数字收发信机和模拟收发信机。

4.3.1.1　数字收发信机

如果要接收和发送经数字信号转发器转发的信号，则需要选择带有数据接口的调频收发信机，这样更容易连接外置无线调制解调器，或是像 KENWOOD 的 TM-D710 内置无线分组终端节点控制器（TNC），如图 4-7 所示。此外，如果经费有限，可以使用一个双频段调频电台和卫星中继通联。

图 4-7　KENWOOD 的 TM-D710 双频段收发信机

4.3.1.2　模拟收发信机

如果发信机接收和发送经与模拟信号转发器进行通信转发的信号，因为单边带（SSB）和连续波（CW）信号频带非常窄，通过卫星线性转发器工作时还要与其他信号分享带宽，就需要不断调节下行频率防止漂移来接收信号。最好的方法是使用能同时在不同频段发射和接收的全双工电台，保证发射上行信号时，能听到通过卫星传来的自己的信号。但是如果经费有限，还可以使用计算机控制全波段收发信机，用计算机补偿多普勒频移，很多卫星跟踪软件在跟踪卫星时能自动改变电台频率。

另外，还可以使用一台收发信机发射信号，另一台收发信机或接收机接收信号。有的爱好者甚至将 VHF 或 UHF 下变频和老式的短波接收机一起使用，用 2m 或 70cm 单边带（SSB）电台发射上行信号，而用短波接收机和下变频器同时接收下行信号。

对于卫星线性转发器，如果其上行频率是 1.2GHz 或更高频段，那么即使收发信机提供 1.2GHz 模块选择，可能也需要使用收发变频器进行工作。不过一般卫星转发器会配置 2m 波段或 70cm 波段的上行链路，这样一台 VHF/UHF 的收发信机，只需要在天线接收端增加下变频器就能够去接收微波频段的下行信号了。

4.3.1.3　射频电缆

射频电缆通常被称为馈线，是连接天线和收发信机的重要管道，同轴电缆在通联中使用较多。馈线的主要问题是损耗，其损耗随频率增高和长度增加而增加。当天线的阻抗和馈线的阻抗不匹配时，损耗同样增加，造成驻波比（SWR）升高。馈线损耗虽然不能消除，但可以通过使用低损耗馈线并减少馈线长度来降低，或者通过调整天线和馈线的连接，使天馈的驻波比最小等方式来降低。

一般而言，业余卫星微波频段的通信电缆损耗较大，并且损耗低的电缆价格较昂贵。对于微波站，一个好的解决办法是采用较低的频率进行工作，并通过设置天线上的收发变频器和下变频器等装置，将信号频率转换成微波或将微波转换过来。

4.3.1.4　VHF/UHF 射频功率放大器

一般在收发信机发射信号达到 50W 输出时，就可以实现与低轨卫星通联。但是如果使用全向天线，则需要更大功率，比如通联目标是轨道在 50000km 高度的 Phase Ⅲ / Ⅳ 卫星时，就需要使用外置射频功率放大器去提高收发信机的输出功率。

对于发射 VHF/UHF 频段的信号，大多情况下选择 100W 或 150W 射频功率放大器即可，但是要注意输入和输出的规格，也就是电台能够提供射频功率放大器输出功率所对应的输入功率。

4.3.2　软件定义的无线电

随着软件定义的无线电（SDR）的发展和应用，无线电爱好者在购置专门的收发信机之外，还有一种选择，即利用价格较为低廉的 SDR 硬件，搭配相应的 SDR 软件，使用个人计算机搭建收发信机。

目前市面上有数十种软件定义的无线电，我们在本节列出几个较为常见且操作简单的软件，并对每个软件操作做简要说明，方便爱好者使用。

4.3.2.1　SDR#

SDR# 是目前最受欢迎的 SDR 免费软件之一，其参数设置和使用都较为简单。它采用了模块化插件式架构，能够使用许多第三方开发者开发的插件。软件的基本功能包括标准 FFT 显示和瀑布图显示、频率控制、信号记录和数字降噪，还可解码 RDS 调频广播信号。图 4-8 所示为 SDR# 主界面，图 4-9、图 4-10 分别给出了一个 SDR# 瀑布图的播放实例和信号录制实例。

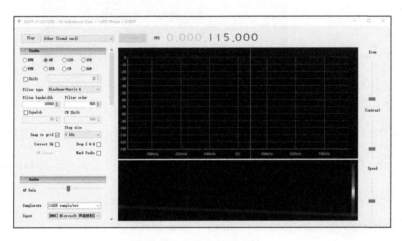

图 4-8　SDR# 主界面

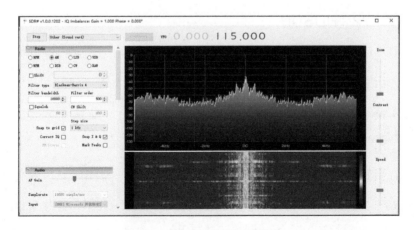

图 4-9　SDR# 播放实例

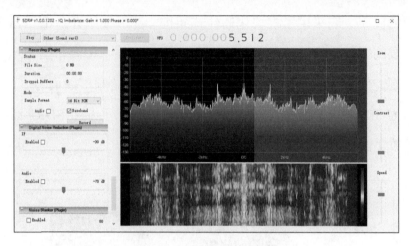

图 4-10　SDR# 信号录制

SDR# 可支持 AIRSPY、Softrock、FiFi SDR、FUNcube Dongle/FUNcube Dongle Pro +、RTL-2832U/RTL-SDR、基于声卡的 SDR 前端、SDRplay 等多种硬件。

SDR# 的安装环境是 Windows 7/8/8.1/10，软件的运行需要具有双核处理器的计算机。

4.3.2.2　HDSDR

HDSDR 是一款十分好用的无线电学习软件，它虽然界面简单，但功能非常强大。HDSDR 最先的名称叫 WinradHD，由意大利爱好者 I2PHD 编写。其目前的用途主要包括无线电监听、业余无线电、短波收听、射电天文、频谱分析和无线电测向。

由于 HDSDR 中文版是基于 Winrad 的软件，需要在安装文件夹中加入 RTL-SDR 模块，并运行完成注册。HDSDR 安装环境为 Windows 2000/XP/Vista/7/8/10，64 位和 32 位均可。

　　HDSDR 接收信号的频谱图如图 4-11 所示，主要对信号录制、频率管理及射频前端频率选择和校准进行描述。图 4-12 所示为整个 HDSDR 信号录制设置的界面。图 4-13 所示为录制信号的详细列表，我们可以随时调出所录制的信号，对信号进行分析。为了更能准确地接收到信号各项参数，主要包括接收电平、发射功率、频率误差等，利用软件参数来补偿与射频前端硬件一致性偏差带来的射频参数偏差，如图 4-14 所示。

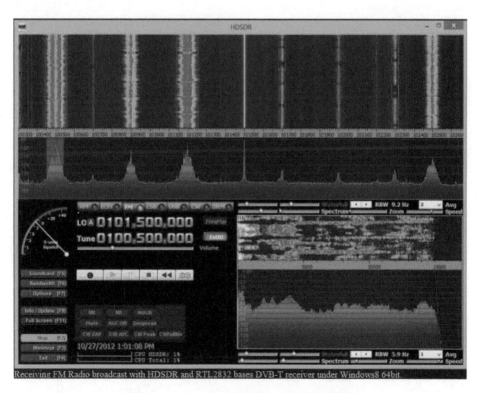

图 4-11　HDSDR 接收信号的频谱图

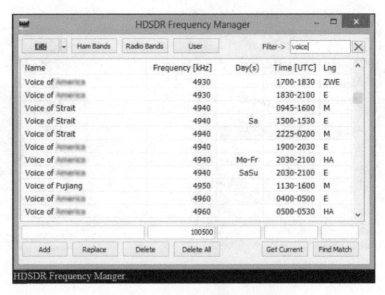

图 4-12　HDSDR 信号录制设置

图 4-13　HDSDR 频率设置管理

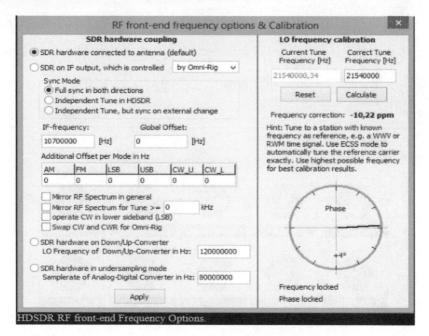

图 4-14 HDSDR 射频前端频率选择和校准

该软件支持的硬件主要有 SDRplay RSP、RTL-SDR、DX PATROL SDR MK3、AIRSPY、AFEDRI SDR、ALINCO DJ-X11/DX-R8、USRPN200/N210、WiNRADiO-G350E/G31DDC/G33DDC 等。

4.3.2.3 Ham Radio Deluxe

Ham Radio Deluxe（简称 HRD）是瑞士的一位无线电爱好者 Simon Brown（HB9DRV）开发的，主要有电台操控、通联日志、数字通信、卫星跟踪和天线旋转控制 5 个功能模块。使用者可以根据自己的需要随意修改软件设置，同时软件源代码完全开放，没有任何加密，所以灵活性和可扩展性都比较强大，非一般软件所能比拟。因此，它一出现就成为全球 HAMs 所追捧的对象。

软件使用环境为 Windows XP/7/8/10，32/64 位，可以在 HRD 软件官网（见图 4-15）下载并安装，然后运行软件和注册机，输入呼号生成注册码，然后就可以操作该软件了，如图 4-16 所示。

图 4-15　HRD 软件官网

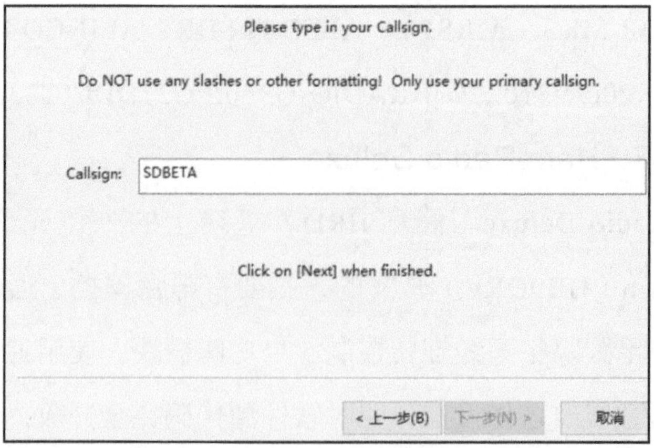

图 4-16　输入呼号

图 4-17 所示为 HRD 的主界面，顶部导航键显示每个功能模块。图 4-18 所示是和接收机连接的选择，展开 "Company" 的下拉列表可以选择所连接的接收机。图 4-19 所示为 DM-780 信号分析解码功能。图 4-20 所示为通联日志，可以详细记录每次的通联情况。

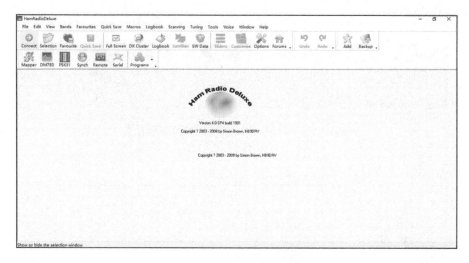

图 4-17　HRD 的主界面

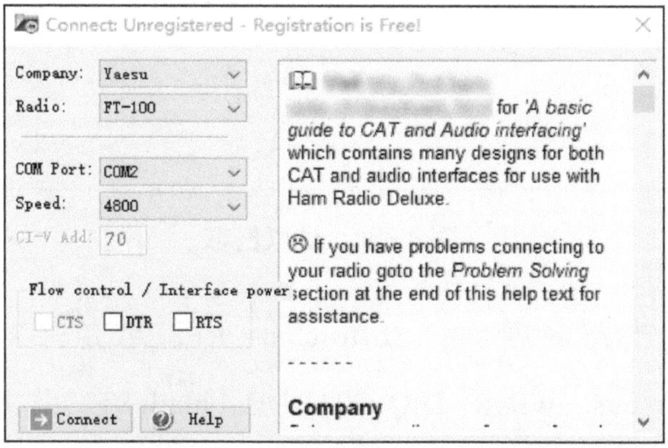

图 4-18　HRD 接收机连接选择

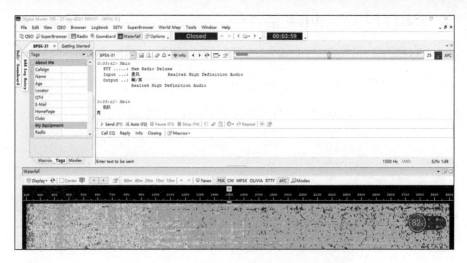

图 4-19　DM-780 信号分析解码功能

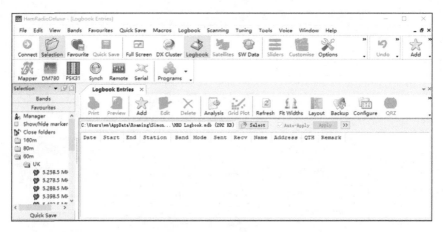

图 4-20　通联日志

该软件支持的硬件有 Softrockm、RFSPACE SDR-IQ/SDR-14/SDR-IP、Perseus、WiNRADiO-G31DDC、bladeRF、八重洲 FT-857D和 AIRSPY 等。

4.3.2.4　SDR-RADIO

与 HDSDR 一样，SDR-RADIO 不仅具有 RF-FFT 信号和瀑布图显示，而且还具有可选的音频频谱 FFT 和瀑布图显示，并内置一些 DSP 等功能。例如噪声抑制器、降噪滤波器、陷波滤波器和静噪等，它能够一次收听同一可见频段中 6 个以上的信号。

安装环境为 Windows XP/7/10。

图 4-21 所示为信号获取功能，可以接收本地接收机的信号，也可以通过互联网采用远程接收信号。图 4-22 所示为软件的控制台，可以根据所接收到的信号，选择合适的参数，如图 4-23 所示，接收到的信号进行解调后，可以将音频信号进行播放，如广播频段的信号。图 4-24 所示为卫星跟踪功能，在跟踪前需要首先确定你所需要跟踪的卫星，要确保该星的两行式轨道数据是最新的数据，然后你才可以对该卫星进行跟踪、通联。

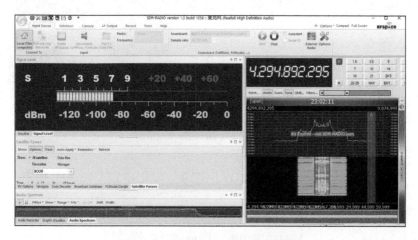

图 4-21　本地接收机信号的输入

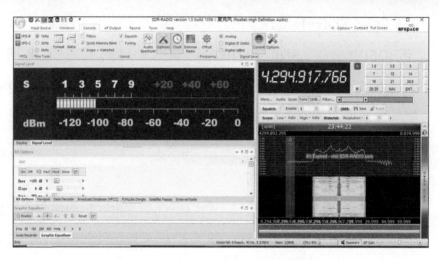

图 4-22　SDR-RADIO 的控制台

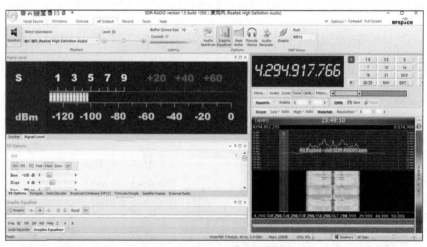

图 4-23　音频播放功能

该软件支持的硬件有 AFEDRI SDR、AIRSPY、ANAN-10E、SDR MK1.5 Andrus、Cross Country Wireless SDR-4+、DX PATROL、ELAD FDM-S1/S2、USRP B200、LimeSDR 等。

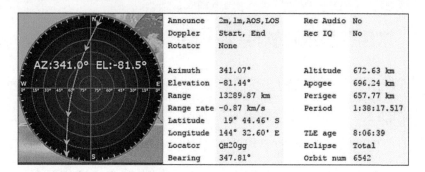

图 4-24　卫星跟踪功能

　　该软件还有一个非常受欢迎的功能，通过下载使用 SDR-2.2 版本，广大 HAMs 可以使自己的软件经过互联网远程连接到接收机上，进行信号的接收和发射，如图 4-25 所示。

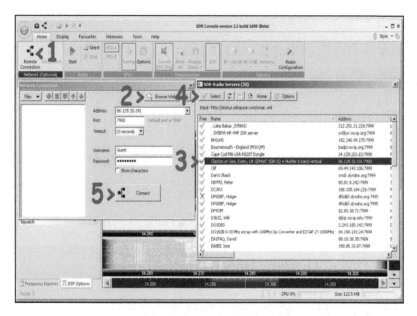

图 4-25　远程连接操作步骤

4.4　常用卫星跟踪软件

在使用业余卫星之前，我们需要实时掌握感兴趣卫星的详细信息：地球站的位置、何时能与某颗卫星通信、卫星会上升到多高的高度，以及卫星何时会下降到地平线、卫星的工作计划时间、预计使用频率的多普勒频移情况、卫星天线相对于对面接收站的方向和两者之间的距离、哪些地球站之间的通联满足通联质量等信息，才能够准确地与感兴趣卫星进行通联。上述信息可通过专用的卫星跟踪软件获取，目前已有许多基于Windows、Linux、Android、macOS编写的卫星跟踪软件，方便无线电爱好者使用。许多软件具有扩展功能，如有些可以控制天线旋转器，使定向天线自动保持对准目标卫星的状态；有些可以控制无线电收发信机，使其自动校正多普勒频移引起的频率偏移。本节介绍几种常见的卫星跟踪软件。

4.4.1　Orbitron卫星观察器

Orbitron卫星观察器是一款功能丰富的卫星跟踪工具，该软件可以帮助用户在计算机上查看世界上的卫星，你可以查看太阳、月球、卫星名称、地面轨迹、覆盖区、边界线等信息，了解每时每刻卫星的具体覆盖范围。该软件支持多种语言翻译，可以在软件中选择对应国家的语言。观看卫星的时候，软件可以将对应的地图显示出来，支持查看世界地图，显示卫星的起点位置和轨道的信息，支持查看卫星的方位角、仰角，对于喜欢研究天文学的朋友非常适用。

Orbitron 卫星观察器软件功能强大，很多专业的气象专家、空间通信领域的部门、业余卫星爱好者们将它作为首选。它的另一个优势是它是免费的，且有中文版。

单击图 4-26 中的光标位置，就可进入设定界面，可以根据自己需要和爱好，设定相应参数，如图 4-27 所示。

图 4-26　Orbitron 软件主工具栏

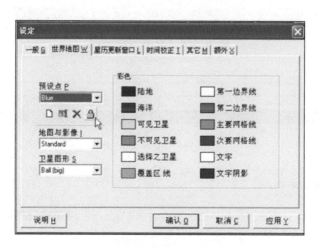

图 4-27　软件设定界面

设定观察者的位置有两种方法：一种是在地图上找到具体位置直接单击鼠标右键，弹出如图 4-28 所示的菜单，直接选"设为观测点"即可；另一种是单击菜单栏下面的地

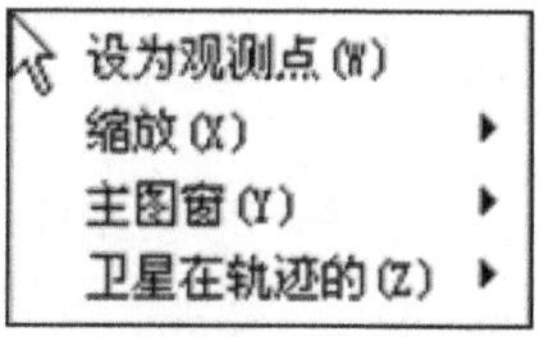

设为观测点 (W)
缩放 (X) ▶
主图窗 (Y) ▶
卫星在轨迹的 (Z) ▶

图 4-28　观测点设定

名，然后输入位置的经纬度和名称。

注意预测之前一定要进行参数设定。设定界面如图4-29所示。主要设定监测点观测到卫星的最小仰角，设定完毕后，单击"预测"，就可以将以后3天所有过境且满足仰角要求的卫星显示出来，如图4-30所示。

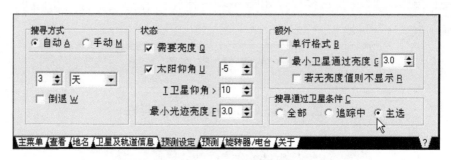

图4-29　卫星预测设定

Time · UTC	Satellite	Azm	Elv	Mag	Range	S.Azm	S.Elv	
2021-05-05 19:42:42	SALSAT	18.1	10.0	?	1858	25.7	-25.8	
2021-05-05 19:46:12	SALSAT	58.5	58.6	ecl	647	26.6	-25.5	
2021-05-05 19:46:12	SALSAT	58.5	58.6	ecl	647	26.6	-25.5	
2021-05-05 21:19:32	SALSAT	320.0	10.0	?	1856	47.9	-15.3	
2021-05-05 21:20:59	SALSAT	298.7	11.7	?	1738	48.2	-15.1	

通过时程
光迹

预测 P

图4-30　满足设定条件的卫星

4.4.2　PreviSat卫星跟踪软件

PreviSat的使用也非常简单，它可以在世界地图或星际地图上显示人造卫星，也可以在多个坐标系（地心坐标系、赤道坐标系、地方坐标系）中了解人造卫星的位置，其简单直观的界面旨在满足新手和爱好者的需求。下面对该软件的特点进行描述。

- 它具有两种操作模式：实时模式和手动模式，可以实时或手动了解卫星（瞬时振荡元素）的轨道特性，还提供有关卫星本身的信息（尺寸、最大幅度等）。

- 在 Wall Command Center 中可进行可视化，显示来自 ISS 的实时视频流。

- 可以计算给定观测位置的卫星过境预报，并且可以设置相关参数，如卫星的最小高度、太阳的高度。

- 使用两个工具来管理两行式轨道数据（TLE 文件）。第一个工具允许更新轨道参数（PreviSat 能够管理 GZ 格式的压缩文件）。第二个工具允许你根据轨道参数的值从另一个 TLE 文件创建个人 TLE 文件，例如，使所有卫星轨道具有较低的偏心率。

　　PreviSat 软件中包含空间示意图、功能选择、模式选择、星历选择、雷达图等模块，其中当监测点可以监测到某过境卫星时，雷达图可显示出相应的卫星俯仰角、方位角等信息，如图 4-31 所示。

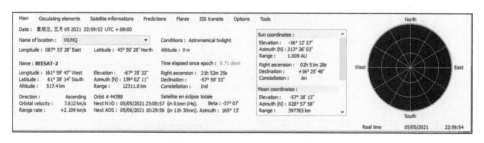

图 4-31　PreviSat 主界面

图 4-32 所示为参数设置选项，如选择所需监测的卫星、监测点位置、最小仰角、监测时间等参数设置完后，单击“Run”，然后显示出预测结果，如图 4-33 所示。

图 4-32　卫星过境预测

Satellite	Start date	Finish date	Max Elevation	Magn	Sun Elevation
BEESAT-1	2021/05/06 21:51:00	2021/05/06 22:01:00	53°41'47"	+9.5	-06°50'13"
BEESAT-1	2021/05/06 23:31:00	2021/05/06 23:35:00	07°01'25"	+13.6	-20°02'08"
BEESAT-1	2021/05/07 22:35:00	2021/05/07 22:44:00	22°20'42"	+11.1	-12°56'57"
BEESAT-1	2021/05/08 23:19:00	2021/05/08 23:24:00	09°21'11"	+12.9	-18°17'31"
BEESAT-1	2021/05/09 22:23:00	2021/05/09 22:33:00	27°54'13"	+10.7	-10°58'54"
BEESAT-1	2021/05/10 23:08:00	2021/05/10 23:14:00	12°02'19"	+12.4	-16°30'48"
BEESAT-1	2021/05/11 22:12:00	2021/05/11 22:22:00	35°04'13"	+10.2	-08°59'33"
BEESAT-1	2021/05/12 22:56:00	2021/05/12 23:04:00	15°10'44"	+11.9	-14°42'08"
BEESAT-2	2021/05/06 22:03:00	2021/05/06 22:05:00	06°22'05"	????	-08°03'41"
CUBESAT XI-V	2021/05/06 02:47:00	2021/05/06 02:53:00	18°10'14"	????	-28°54'08"
CUBESAT XI-V	2021/05/06 04:26:00	2021/05/06 04:31:00	52°33'00"	????	-21°45'04"
CUBESAT XI-V	2021/05/07 03:24:00	2021/05/07 03:30:00	37°34'18"	????	-26°46'55"
CUBESAT XI-V	2021/05/07 05:02:00	2021/05/07 05:07:00	23°09'03"	????	-17°18'25"
CUBESAT XI-V	2021/05/08 02:22:00	2021/05/08 02:27:00	10°48'43"	????	-29°00'00"
CUBESAT XI-V	2021/05/08 04:00:00	2021/05/08 04:06:00	78°45'27"	????	-23°42'08"
CUBESAT XI-V	2021/05/08 05:38:00	2021/05/08 05:42:00	09°58'09"	????	-12°07'23"
CUBESAT XI-V	2021/05/09 02:58:00	2021/05/09 03:04:00	22°24'07"	????	-27°37'52"
CUBESAT XI-V	2021/05/09 04:36:00	2021/05/09 04:42:00	40°36'32"	????	-19°47'43"
CUBESAT XI-V	2021/05/10 01:58:00	2021/05/10 02:00:00	05°36'24"	????	-28°34'56"
CUBESAT XI-V	2021/05/10 03:34:00	2021/05/10 03:40:00	46°14'17"	????	-25°18'32"
CUBESAT XI-V	2021/05/10 05:13:00	2021/05/10 05:17:00	18°29'25"	????	-15°11'55"
CUBESAT XI-V	2021/05/11 02:32:00	2021/05/11 02:38:00	13°34'34"	????	-27°59'04"
CUBESAT XI-V	2021/05/11 04:11:00	2021/05/11 04:17:00	70°33'01"	????	-22°01'31"
CUBESAT XI-V	2021/05/11 05:49:00	2021/05/11 05:51:00	07°13'28"	????	-10°02'29"
CUBESAT XI-V	2021/05/12 03:08:00	2021/05/12 03:15:00	27°47'44"	????	-26°22'16"
CUBESAT XI-V	2021/05/12 04:47:00	2021/05/12 04:52:00	31°31'34"	????	-17°57'25"

图 4-33　预测结果显示

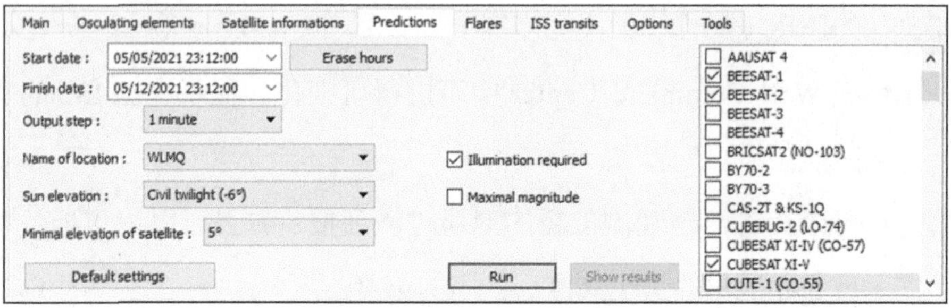

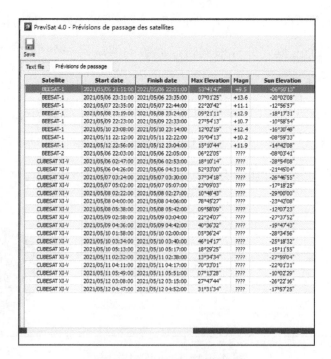

监测地点位置的添加，单击主界面中的"Options"，在"Category selection"中添加国家或地区，然后在"Locations in the category"中添加监测站点位置，输入经纬度及名称，如图 4-34 所示。

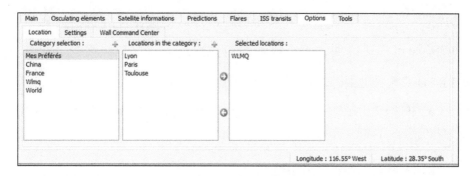

图 4-34 监测地点的添加

主界面中"Tools"的"TLE update"主要用于卫星两行式轨道数据的自动更新，单击图 4-35 所示红框内的下拉列表选择更新的卫星种类的，如果连接互联网，单击"Update now"即可完成卫星 TLE 数据的自动更新。

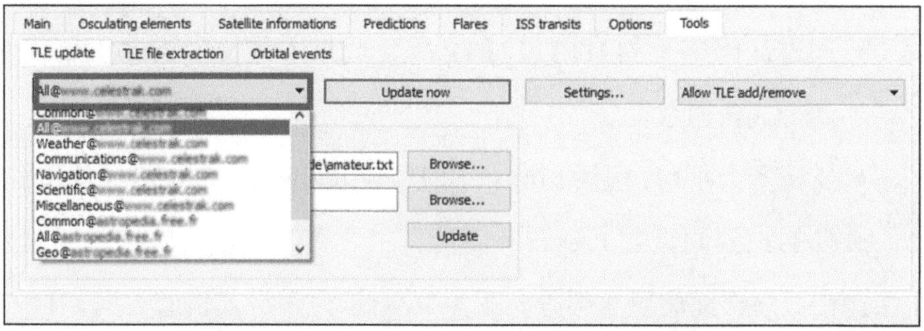

图 4-35 卫星两行式轨道数据的自动更新

4.4.3 GPREDICT卫星跟踪软件

GPREDICT 是一个实时卫星跟踪和轨道预报软件，它可以跟踪无限量的卫星，并以列表、表格、地图和雷达等方式显示其位置及相关数据，还可以预测卫星未来的轨迹，并为你提供详细资料。它最大的优势是可视化模块，每个模块均可独立配置，具有很强的灵活性。GPREDICT 卫星跟踪软件主要特点和功能如下。

- 可使用北美防空司令部 SGP4/SDP4 算法快速、准确、实时跟踪卫星。
- 卫星或地球站无数量限制。
- 可以用图、表和模块视觉化展示卫星数据。
- 自动控制旋转天线跟踪卫星信号。
- 高效和详细的预测，用户可根据自己的需求设置参数和具体条件，可进行一般化或专业化的预测。
- 可以快速预测卫星未来的轨迹。
- 可为高级用户定制软件的外观显示。
- 通过从网络上的 HTTP、FTP 等，或从本地文件自动更新卫星两行式轨道数据。
- 支持多个平台，包括 Linux、BSD、Windows 和 macOS 操作系统。

软件的主界面较之 PreviSat 简洁，主要有卫星运行轨迹、卫星过境雷达和卫星详细信息 3 部分。图 4-36 所示为两行式轨道数据（TLE）的更新，如果工作的计算机连接互联网，可以直接从网络更新，也可手动更新，但需要提前将 TLE 下载到本地计算机。地球站观测点的添加如图 4-37 所示。如图 4-38 所示，设置天线控制器的旋转速度和旋转方向，设置完毕后可以根据目标的运行轨迹进行跟踪接收卫星信号（见图 4-39）。

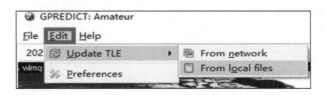

图 4-36　TLE 的更新

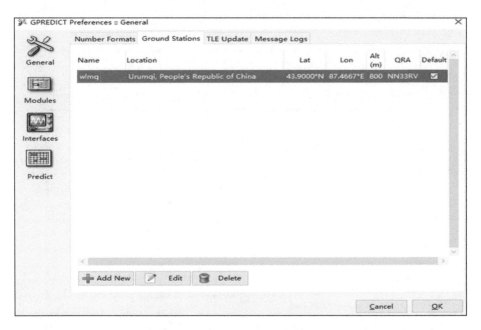

图 4-37　添加地球站观测点

图 4-38　天线旋转控制

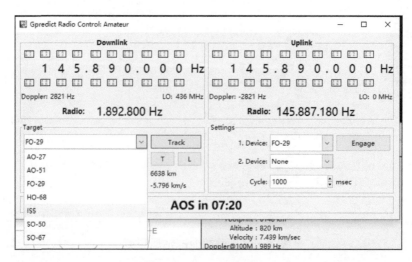

图 4-39　卫星跟踪

选择目标业余卫星进行跟踪，在跟踪前要设定目标卫星的下行信号频率，即可实现对信号进行跟踪，同时还可以看到监测点到卫星的距离，信号的多普勒频移、卫星移动速度和俯仰角等相关参数。

卫星过境预测时，需要提前设置最小俯仰角、卫星数量、时间范围等参数，然后进行预测（见图 4-40）。如设置预测俯仰角大于 5°、以后 3 天的过境卫星、卫星数量最多为 10 颗，可以看到预测结果（见图 4-41）。

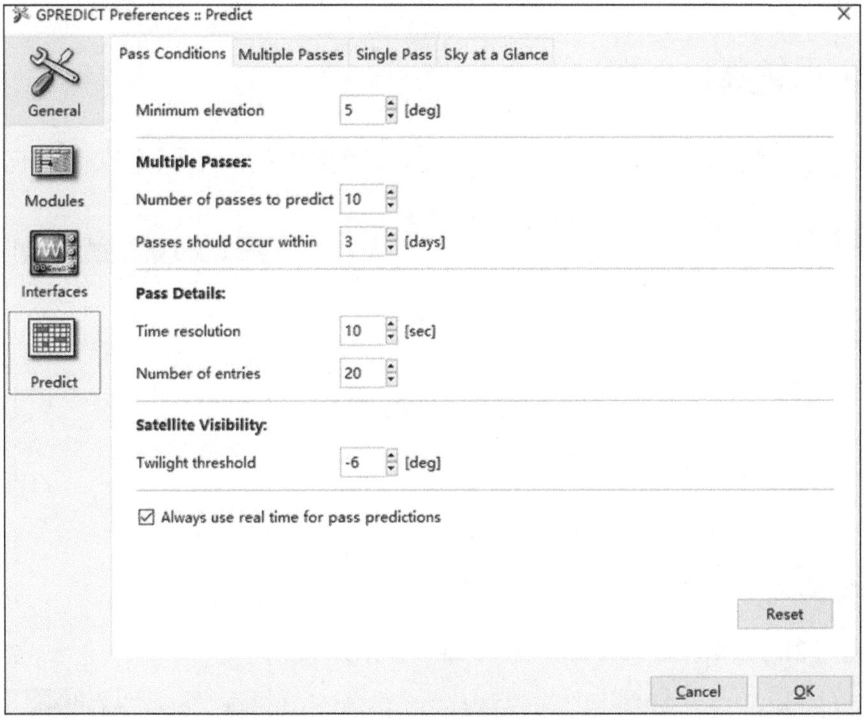

图 4-40　卫星过境预测

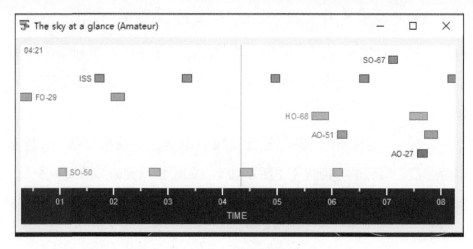

图 4-41　卫星预测结果

4.4.4　追星3.3软件

这是我国爱好者自主研发的一款非常简单的卫星跟踪软件，它适合安装在 Android 系统的智能手机上，可以通过蓝牙控制天线云台，便于调试，使用非常方便。

图 4-42 所示为软件的基本设置，软件设置项主要包括星历模式（全部模式或精简模式）、软件模式（跟踪模式或调试模式）、预报过境卫星的时长（2h、6h、12h、24h 或 48h），星历维护可以通过网站进行自动更新，也可以手动从本地添加相关卫星的两行式轨道数据。只需

图 4-42　软件的基本设置

输入精确的经纬度和海拔高度即可定位监测点地址。

星历预报可以预测 48h 内过境卫星的具体时间、俯仰角和方位角等基本参数（见图 4-43）。

卫星跟踪功能主要使天线准确对准卫星，移动天线确保目标卫星始终在图 4-44 所示的（红）圈处，这样就可以接收卫星信号。

图 4-43　过境卫星预报

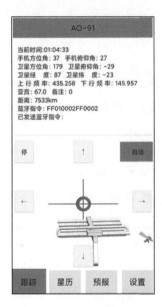

图 4-44　卫星跟踪

4.4.5　PstRotator天线旋转控制软件

PstRotator 是共享软件——用户可以免费试用，但需要注册，否则将一直收到禁用的信息。该软件需要使用 RS-232 接口或将 USB 转为 RS-232 接口后再连接到计算机，并选择合适的通信端口，同时配置速率，软件功能如下。

- 支持独立的天线旋转器控制器，用于方位角和仰角控制。它可以控制两个独立的转子接口：一个用于方位角，另一个用于仰角，或者可以控制单个方位角＋仰角转子接口。

- 双向性。可以在同一个旋转器上控制一个八木天线和一个双向旋转偶极子天线，偶极子天线与八木天线的吊杆成一直线（与八木航向成 90° 偏移），这个模式是 BD-90。第二种双向模式（BD-0）支持步进式天线。

- QRZ 呼号数据库。在呼叫文本框中写一个呼号，然后按下快速响应按钮，以便在线搜索 QRZ 呼号数据库。

- 多用户网络远程控制。在服务器和客户端计算机上安装 PstRotator 软件，在连接到控制器的计算机上选择 RS232 / TCP 服务器。在第二台计算机上选择传输控制协议客户端，设置 TCP/IP 参数（IP、端口）即可。

PstRotator 不仅可以作为所有已知卫星跟踪器程序的接口，还可以作为独立的卫星跟踪器。PstRotator 支持的旋转器及其配置见表 4-2。

表 4-2　PstRotator 支持的旋转器及其配置

旋转器	协议	速率／波特
Prosistel C，D，Combo	Prosistel	9800
ERC (ver. 2, 3)	DCU-1	4800
ERC3D，ERC-R，ERC-M	GS-232A/B	9600

续表

旋转器	协议	速率 / 波特
Green Heron RT20, RT21	DCU-1	4800
MDS RC-1	DCU-1	4800
Hy Gain	DCU-1	4800
Idiom Press Rotor-EZ	DCU-1	4800
Yaesu GS-232A/B Az	GS-232A/B	9600
Yaesu GS-232A/B Az/EI	GS-232A/B	9600
AlfaSpid RAK/RAU AZ	AlfaSpid	1200
AlfaSpid RAS Az/EI	AlfaSpid (1 deg accuracy)	600 ～ 450800
AlfaSpid RAS Az/EI	AlfaSpid (0.5 deg accuracy)	600 ～ 450800
AlfaSpid RAS-HR Az/EI	AlfaSpid (0.2 deg accuracy)	600 ～ 450800
AlfaSpid BIG-RAS/HR Az/EI	AlfaSpid (0.1 deg accuracy)	600 ～ 450800
M2 RC2800PX, M2 RC2800P-A, M2 RC2800-PRKX2SU	M2	9600
M2 RC2800PRK, RC2800PRKX	M2	9600
Easycomm	Easycomm1	9600
Fox Delta ST3	GS-232A/B	19200
AutoTracker Endeavour	Endeavour Electronics	9600
ZL1BPU	ZL1BPU	9600

图 4-45 所示为 **PstRotator** 主界面，最左侧部分的罗盘为方位角刻度显示，最右侧部分为俯仰角度刻度显示，中间部分的 **QRB** 显示站间距离，**QTH** 为电台位置，**DXCC** 分区国家（地区）的列表信息。

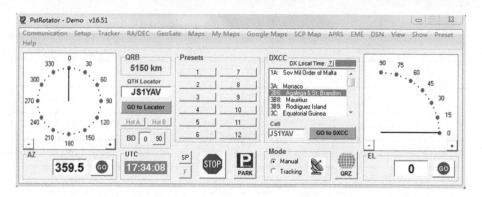

图 4-45　PstRotator 主界面

　　自动控制器的旋转参数设置如图 4-46 所示，包括初始角度、终结角度等参数，设置完毕后单击"Save"，就可自动控制。

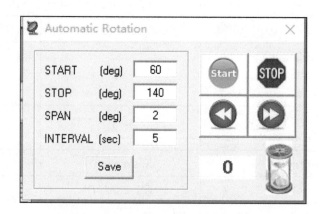

图 4-46　自动控制器旋转参数设置

　　PstRotator 作为独立的卫星跟踪器，可以实现对目标卫星的实时跟踪和过境预测，如图 4-47、图 4-48 所示。

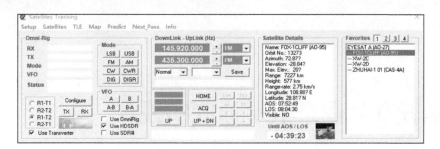

图 4-47　PstRotator 跟踪卫星

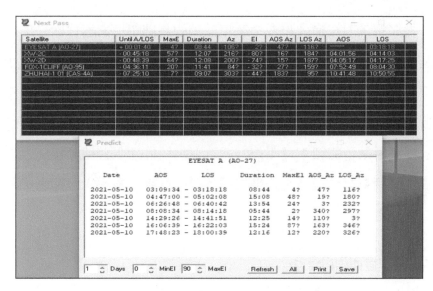

图 4-48　卫星跟踪功能和下次过境预测

第五章　业余卫星通联实践

在了解了卫星通信和业余卫星通信的基础知识之后，你是不是迫不及待想要开展通联实践了呢？在跃跃欲试之前，你需要认识到业余卫星通联不同于其他业余无线电活动，它并不仅仅是你坐下来操作电台就能实现那么简单的。首先你必须知道业余卫星在什么时候可以通联、通联时采用的频率及工作方式，还需要处理多普勒频移问题，所有这些问题都会给通联实践带来挑战。本章将为通联实践提供一些建议，供读者参考。

5.1　实验前期准备

5.1.1　天线选择

通常全向天线的增益较低，适用于接收功率较大的卫星下行信号，发信机发射功率较大时，最好使用全向天线。业余卫星爱好者经常使用的全向天线有垂直地网天线、打蛋器天线、四臂螺旋天线、旋转门天线、林登布列天线等。图5-1和图5-2所示为垂直地网天线和它的辐射方向图。

图 5-1　垂直地网天线

图 5-2　垂直地网天线辐射方向图

　　定向天线在水平方向上表现为一定角度范围的辐射，相较于同频段的全向天线增益更高，但波束较窄。采用定向天线与低轨小卫星通联效果非常出色，它可以使你接收到强度高、质量稳定的信号。

　　定向天线的主要特点是它的方向性强。使用定向天线的目的是获得最佳的通信效果，你必须想方设法把天线指向需要通联的卫星。这就需要用手动或电动装置，如我们熟知的天线旋转器来完成。如果只是简单地将定向天线固定在一个位置，就只能享受到卫星通过天线指向时的瞬间获得的良好信号。

　　业余卫星爱好者经常使用的定向天线有八木天线、螺旋天线、抛物面天线、对数周期天线等。图 5-3 展示了八木天线的构造，其辐射方向图如图 5-4 所示。

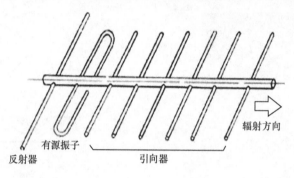

反射器　　有源振子　　　　引向器　　　　　辐射方向

图 5-3　八木天线

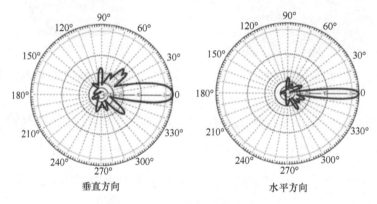

垂直方向　　　　　　　　水平方向

图 5-4　八木天线辐射方向图

由于业余卫星通联使用的发信机功率很小（通常为 1 ～ 2W），加之长距离的传输和复杂空间环境对信号的衰减，我们在地面接收到的卫星信号非常微弱，为了更好地接收和分析卫星信号，需要选择一个性能指标较好的天线。实验中，我们选择使用双频段八木天线（见图 5-5），因为它有很好的方向性，增益较高，对于信号有良好的接收能力，而且可以实现用一副天线同时发送和接收信号，操作方便。对于八木天线，通常天线的单元数越多，天线的增益性能越好。

图 5-5　实验人员用八木天线接收业余卫星信号

5.1.2　卫星跟踪软件选择

　　业余无线电爱好者可根据自己的偏好、专业程度、通联设备、使用环境及具体需求选择适合自己的业余卫星跟踪软件。有些人偏爱图片形式的信息，比如显示卫星实时位置的地图；有些人可能偏爱表格式数据，比如一张列有某一卫星在未来几天内出现在有效范围内的时间清单。对于使用定向天线的用户，如果需要手动调整天线的方位角和仰角，建议使用 Heavens-Above、SatSat 等可在手机上运行的卫星跟踪软件，这样手动对星时会更加灵活、方便。

　　在使用选定的卫星跟踪软件之前，大多数软件要进行一些基本参数的设置。如输入接收站点的经纬度、载入目标业余卫星的轨道参数、天线的最低仰角等参数。例如，使用 Heavens-Above 软件时，通常将最低仰角设置为 10°，地图的显示方式设置为地图模式，在参数设置页面可以直接单击下载星历按键，软件就会自动下载最新的星历数据（见图 5-6）。有些软件需要用户手动下载星历并加载到软件中，如 Orbitron 软件。

图 5-6 使用 Heavens-Above 软件进行卫星跟踪

5.1.3 接收设备选取

在与业余卫星通联时，需要根据业余卫星搭载转发器的实际情况选择合适的收发信机。许多业余无线电爱好者使用双频段手持对讲机（见图 5-7）与搭载调频转发器的卫星通联。不过，由于手持对讲机的输出功率太低（0.5W 或更低），需要配合定向天线使用（见图 5-8）。

图 5-7 双频段手持对讲机

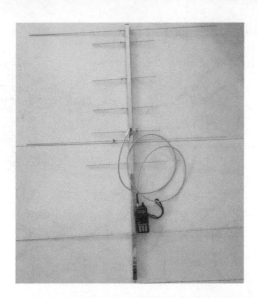

图 5-8　八木天线与手持对讲机组成的通信系统

对于载有调频中继和数字转发器的卫星，绝大多数的双频段调频收发信机能实现与卫星调频中继的通信。大多数现代双频段通信设备可提供 30 ～ 50W 的"大功率"输出，这个功率比实际需要的功率大得多，不仅对于定向天线，对全向天线也绰绰有余。如果要进行数字通信，调频收发信机一定要带有数据接口，便于连接外置无线调制解调器。此外，要确保收发信机能够处理 1200 波特和 9600 波特的数据信号。业余无线电爱好者常使用的收发信机有 ICOM IC-2820（见图 5-9）、KENWOOD TM-D710（见图 5-10）等。

图 5-9　ICOM IC-2820 调频收发信机
（能在 2m 和 70cm 波段独立接收和发送）

对于载有线性转发器（SSB/CW）的卫星，由于单边带（SSB）和连续波（CW）的信号非常窄，且所有使用者共享该频带，因此使用者不仅要不断地调节自己的信号接收频率（下行），去保持单边带的声音或使电码听起来"正常"，而且还要保持信号在自己

图 5-10　KENWOOD TM-D710
（具有用于数字通信能力的收发信机）

的频率上，防止漂移到其他人的通联频率里。使用载有线性转发器的卫星最有效的方法是在发射上行信号时，能听到通过卫星传来的自己的"实时"信号，这种操作方式被称为全双工。这就需要使用能同时在不同频段发射和接收的电台，市场上具备全双工操作的业余无线电收发信机有 ICOM IC-9700（见图 5-11）、ICOM IC-910H、ICOM IC-820、ICOM IC-821、YAESU FT-726、YAESU FT-736、YAESU FT-847（见图 5-12）、KENWOOD TS-790、KENWOOD TS-2000（见图 5-13）等。

图 5-11　ICOM 公司的可用于 VHF/UHF 卫星通信的 IC-9700 收发信机

图 5-12 YAESU 公司的 FT-847 收发信机

图 5-13 KENWOOD 公司的具备 VHF/UHF
卫星通信能力的 TS-2000 收发信机

在通联实验中，为了便于观察、记录和分析接收到的信号及其频谱，除了使用业余卫星通联中常用的收发信机，我们还使用了专业的无线电接收机 PR100（见图 5-14）对业余卫星下行信号进行接收和分析。该设备可在 9kHz ~ 7.5GHz 的宽频率范围内工作，具备 AM、FM、USB、LSB、CW、IQ 等多种调制信号解调能力，可记录信号的频谱、音频和 IQ 数据，设备

图 5-14 便携式无线电接收机 PR100

小巧轻便，完全满足本实验要求。

5.1.4　通联地点选取

想要实现卫星通联，除了需要收发设备，还需要掌握一些理论知识，比如地理上的方位角、仰角等。

方位角是指卫星接收天线以正北方向为标准，在水平面做360°旋转，将卫星天线的指向偏东或偏西调整一个角度。方位角的取值范围为0°～360°。仰角是指视线在水平线以上时，在视线所在的垂直平面内，视线与水平线所成的角。决定某一时刻卫星仰角的参数有许多，它们都是描述卫星与地面观察者相对位置的参数。这些参数包括观察者所处位置的纬度和经度、卫星距离地面的高度、卫星的轨道倾角，以及卫星处于轨道上的具体位置（卫星所处位置的纬度和经度）。

在选择通联地点的时候，最好选择完全无遮挡、开阔的地点。如果条件允许，尽量选择在郊区或人烟稀少的地方进行通联，这样可以有效避免相邻频段无线电业务造成的干扰。

5.2　业余卫星信号接收实验

5.2.1　RS-44卫星信标信号接收

RS-44卫星于2019年12月26日在俄罗斯普列谢茨克航天发射基地发射升空，星上搭载线性转发器，可转发SSB和CW信号，转发器功率为5W，下行信标频率为435.605MHz，信标信号为莫尔斯码。RS-44轨道较高，因此多普勒频移较小，每次过境时可通信时间较长，信号接收容易。

实验使用 U/V 双频段八木天线，将天线架设好后，通过手机软件 Heavens-Above 确定 RS-44 卫星运行轨迹，包括出入境时间、方位角和仰角等参数，通过手机或指南针找到大致方位。将收信机中心频率设置为 435.605MHz，中频带宽设置为 20kHz，等待接收卫星信号。因为低地球轨道卫星移动的速度非常快，跟踪卫星时一定要及时调整天线的方位角和仰角。接收到的卫星信标信号如图 5-15、图 5-16、图 5-17、图 5-18 所示。

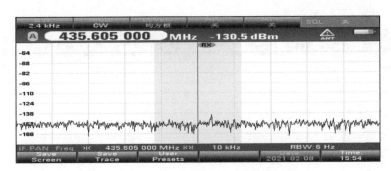

图 5-15 入境仰角为 35° 时的信标信号

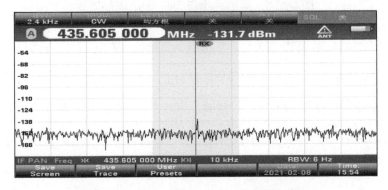

图 5-16 最大仰角为 41° 时的信标信号

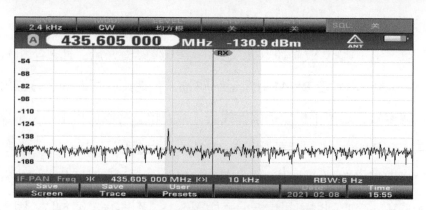

图 5-17　离境仰角为 35°时的信标信号

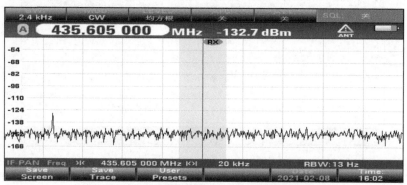

图 5-18　离境仰角为 10°时的信标信号

从图 5-15 中可以看出，当卫星入境后，随着卫星与地面接收站距离不断减小，天线仰角不断增大，信标信号的多普勒频移不断减小，当瞬时接收仰角达到最大时，接收信号的多普勒频移为 0；随着卫星与地面接收站距离不断增大，天线仰角不断减小，信标信号的多普勒频移不断增大，在仰角接近 10°时，信标信号最大频偏可达 8kHz。通过分析实验结果可知，地面接收站处于高仰角接收状态时，接收信号的多普勒频移较小，因此应尽可能在高仰角时段接收信号。

5.2.2　国际空间站信号接收

国际空间站（ISS）于世界协调时（UTC）2020年9月2日开启了一个上行链路频率为145.99MHz的业余无线电信道（亚音频67Hz），和一个下行链路频率为437.8MHz的跨段中继，后来出于某种原因关闭了，但于2020年12月5日又重新启动了。在ARISS网站上能够查询国际空间站业余电台的过境、通联及开机时间。我国大多数地区可收到国际空间站发射的信号。通过实验，我们收到了国际空间站的信号，频谱如图5-19所示。

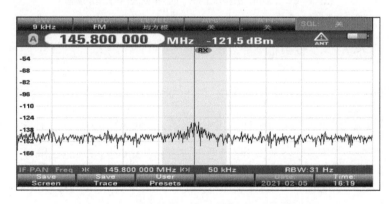

图5-19　国际空间站过顶时下行信号频谱

国际空间站发射功率较强，能达到20～25W，当使用八木天线时，即使仰角很小，只有几度，仍能收到清晰的信号。从图5-19中可知，国际空间站发射的下行信号为窄带FM信号，带宽约为10kHz。

当空间站经过地面接收站顶部时，接收到的信号较大，电平约为 −121.5dBm。在 1min 之内，信号的多普勒频移约为 5kHz，可见高仰角时信号多普勒频移变化较大，频移情况如图 5-20 所示。

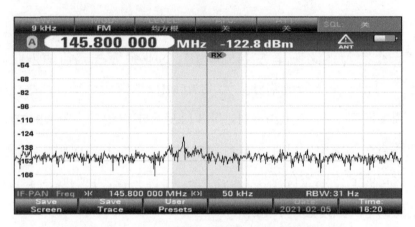

图 5-20　国际空间站下行信号发生多普勒频移

5.2.3　PSAT-2 卫星信号接收

PSAT-2 卫星于 2019 年 6 月 25 日通过 SpaceX 的火箭搭载发射升空，它的功能比较多，其中一个功能就是 SSTV 的下传。下传图片的内容是拍摄到的地球图像。通过手机软件 Heavens-Above 确定 PSAT-2 卫星的出入境时间、方位角和仰角等参数，选择干扰较少的场地等待接收卫星信号，在 435.350MHz 接收到了卫星下行信号，该信号为数字信号，使用 320 像素 ×240 像素分辨率的 Robot36 模式。我们对该下行信号进行了记录，然后通过计算机 MMSSTV 软件进行解码，解出了完整的信息，如图 5-21 所示。

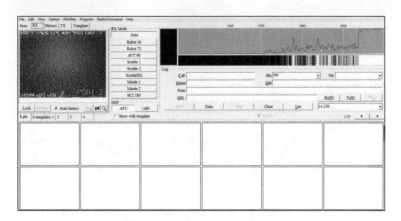

图 5-21 MMSSTV 软件解码信息

5.2.4 NOAA系列卫星信号接收

NOAA 系列卫星是美国国家海洋和大气管理局的第三代实用气象观测卫星，其轨道是接近正圆的太阳同步轨道，轨道高度为 870km 和 833km，轨道倾角为 98.9° 和 98.7°，周期为 101.4min。NOAA 用于日常的气象观测业务，平时有两颗卫星运行。由于一颗卫星每天至少能对地面同一地区进行两次观测，两颗卫星就可以进行 4 次以上的观测。NOAA 卫星共经历了 5 代，目前使用较多的为第五代 NOAA 卫星，包括 NOAA-15 ~ NOAA-18。根据实验点地理位置情况，本次实验对 NOAA-15 和 NOAA-18 卫星信号进行接收。

通过实验，我们接收到了 NOAA-15 和 NOAA-18 卫星的下行信号，频率分别为 137.62MHz 和 137.915MHz，电平分别为 −121.2dBm 和 −118.9dBm，带宽均为 20kHz，调制方式均为 FM，信号频谱图分别如图 5-22 和图 5-23 所示。

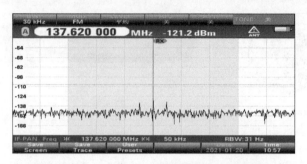

图 5-22 NOAA-15 卫星下行信号频谱

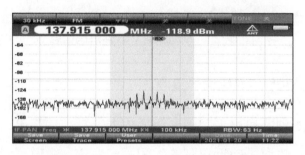

图 5-23 NOAA-18 卫星下行信号频谱

5.2.5 利用自动对星系统开展实验

2021 年 2 月和 3 月，国家无线电监测中心组织了工程师前往北京市第十二中学和北京市第十二中学钱学森学校，利用其业余卫星科普基地实验室自动对星系统进行了通联实验。

经实验测试，北京地区在下午收到的业余卫星信号比上午要多，而且自动对星系统效果优于手动对星。该系统使用的天线是双频段的专用业余卫星天线，其接收效果明显好于使用通用宽带的对数周期天线的接收效果。XW-2C 和 XW-2F 两颗卫星的中心频率随时间变化的情况如图 5-24 所示。

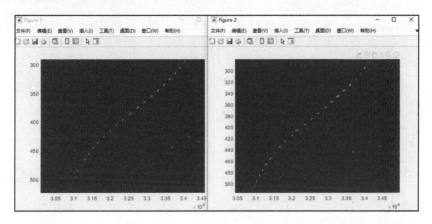

图 5-24　XW-2C 和 XW-2F 两颗卫星的中心频率随时间变化的情况

5.3　通联建议

5.3.1　天线选择

天线是将射频信号由传输线辐射到空中或从空中接收无线电信号到传输线上的一种装置，也可被视为一种阻抗转换器或一种能量变换器，它把传输线上传播的导行波，变换成在无界媒介中传播的电磁波，或者进行相反的变换。对于设计一个应用于射频系统中的无线收发设备，天线的设计和选择是其中的重要部分，良好的天线系统可以使通信效果达到最佳状态，同类型天线大小与射频信号的波长成正比，信号的波长越长，所需的天线尺寸越大。

按照天线在辐射场辐射角度方向的不同可将其分为全向天线和定向天线。全向天线在水平方向图上表现为 360° 均匀辐射，在垂直方向图上表现为有一定宽度的波束，一般情况下波瓣宽度越小，增益越大。

定向天线在某一个或某几个特定方向上发射和接收电磁波的能力特别强，而在其他的方向上发射和接收电磁波的能力为零或极小。采用定向发射天线的目的是增加辐射功率的有效利用率，采用定向接收天线的主要目的是增强信号强度和抗干扰能力。定向天线主要包括平板天线、八木天线和对数周期天线。

在实际通联中，建议尽量使用定向天线（如八木天线），因为全向天线无法在特定方向获得较高增益。当然，我们可以采用全向天线架设仰角保持在 25° 的方法，达到和大多数卫星通联的目的。有条件的爱好者，可以使用方位角 / 仰角旋转器，这些旋转器具备同时在水平方向和垂直方向上调节的能力。这些旋转器可以手动调节，或者通过计算机进行自动跟踪。

5.3.2　馈线选择

馈线是连接电台与天线的重要设备。不同粗细、不同质量的馈线对通信距离会产生很大的影响，通常馈线直径越大，信号衰减越小。信号在馈线里传输，除有导体的电阻性损耗外，还有绝缘材料的介质损耗。这两种损耗随馈线长度的增加和工作频率的提高而增加。天线和电台之间的馈线过长或线路损耗较大，都会影响信号的接收质量。尤其是在较高的频率上，使用同样的线材，即使是最好的电缆，也是馈线长度越长，信号衰减越严重。

业余无线电通联使用的馈线均为阻抗为 50Ω 的同轴线，不能用阻抗为 75Ω 的视频线来代替。考虑到线缆损耗，需要选择合适的馈线规格。例如，系统间 1～2m 的馈线，可以使用 RG 58 规格的馈线（见图 5-25）；大于 30m 的馈线，一般选择 RG 8 规格的馈线（见图 5-26）。

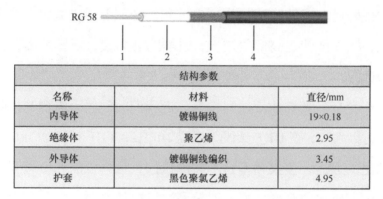

结构参数		
名称	材料	直径/mm
内导体	镀锡铜线	19×0.18
绝缘体	聚乙烯	2.95
外导体	镀锡铜线编织	3.45
护套	黑色聚氯乙烯	4.95

图 5-25　某公司的 RG 58 规格馈线

结构参数		
名称	材料	直径/mm
内导体	铜包铝	2.74
绝缘体	发泡聚乙烯	7.24
外导体	自粘铝箔+镀锡铜线编织	8.0
护套	聚乙烯PE	10.16

图 5-26　某公司的 RG 8 规格馈线

5.3.3　通联卫星选择

绝大多数时候，我们要通联的是低地球轨道（LEO）卫星，不是地球静止轨道（GEO）卫星。低地球轨道卫星的位置是不断变化的，其覆盖范围也有限，所以我们必须了解卫星何时经过我们的可视范围。要获取卫星经过我们的可视范围需要查询卫星星历，筛选出高仰角的卫星，最好是过境角度 70° 以上的卫星。选取卫星过境时间的中段进行通联，因为即使是高仰角过境，过境的前后段，卫星距离我们也是相当遥远的。

由于存在多普勒效应，卫星在靠近我们的时候，电台的接收频率会比发射频率高，在 UHF 频段大概高 10kHz，VHF 频段高 3kHz 左右。随着卫星的靠近，接收频率是不断降低的，且降低的速度越来越快，这时就要调整接收频率，直到卫星到达最高角度时，接收频率为卫星实际的发射频率。

初次开始业余卫星通信之旅，我们不要去尝试和距离地面太远或运行周期较长的卫星通联。例如：Phase Ⅲ 业余通信卫星运行于长椭圆轨道，卫星的运行周期达 11 ～ 12h。虽然卫星的通信时间增加到几小时，可以覆盖的通信区域也大大增加，当卫星运行在远地点附近时，可以很容易用简单的方法进行跟踪，同时可以手动进行多普勒频移补偿。但是，这类卫星的距离比较远，操作需要比较大的发射功率和高增益的天线系统。

5.3.4 滤波器的选择

若使用通用接收机，其预选器是按照倍频设计的。而在 135MHz 和 430MHz 两个频段附近会有很多信号，底噪声差异很大。经测试，在北京开展的实验中发现，在北京市第十二中学钱学森学校和北京市第十二中学两地同时开展测试，前端采用相同的天馈系统，并使用同一型号的接收机，当所有设置的参数完全一致时，北京市第十二中学钱学森学校接收机的底噪声就高于北京市第十二中学接收机的底噪声，导致同时接收时，两地的信噪比差异较大，高达 3 ~ 5dB。

由于使用的 135MHz 和 430MHz 频段属于对讲机的常用频率，当附近有较多用户时，频段的底噪声会受到较大影响。采用通用接收机进行接收时，适当采用窄带滤波器，滤除业余卫星下行信号周边的干扰信号，可以有效提升信号接收效果。

5.3.5 前置放大器的应用

有些时候，接收到的卫星信号可能极度微弱，致使信号无法辨别。造成这种情况的因素有很多，如使用的是全向天线、天线和电台之间的馈线过长或损耗过大、通联链路过长等。这种情况下，就需要尽量放大信号，常用的办法是在天线上安装前置放大器。图 5-27 所示为低噪声前置放大器，增益在 20 ~ 30dB 范围内，噪声系数在 0.7 ~ 2.7dB 范围内。

选择前置接收放大器时，要选择高增益、低噪声的前置放大器。一个设计不错的 VHF 频段前置放大器的增益在 15 ~ 25dB 范围内，噪声系数在 0.5 ~ 2dB 范围内。如果要将前置放大器用在户外，注意要安装防水外壳。如果要将前置放

图 5-27 低噪声前置放大器

大器安装在塔顶，需要考虑如何为前置放大器提供直流电，通常用一根两芯的电源线连接到这个设备上即可。此外，还可以用馈线本身输送直流电到前置放大器，有些接收机具有在馈线上插入 12V 直流电的功能，就是为了这个目的。如果没有，可以在电台处使用射频隔直器插入 12V 直流电，在接近天线处用射频隔直器输出直流电，具体应用如图 5-28 所示。

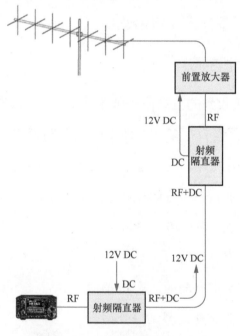

图 5-28　射频隔直器连接方法

在靠近电台的这段链路中，通过射频隔直器给同轴电缆插入直流电，能够阻止直流电回流到电台，电流通过电缆流入天线端。另一个射频隔直器从电缆中取出直流电并提供给前置放大器，这两个射频隔直器都可以几乎没有损耗地通过射频电流。

　　安装在馈线上的前置放大器也会受到从电台输出的射频电流的影响，这就需要一个模块来避免电台发射时损坏前置放大器，这就是所谓的"时序控制器"，它和收发信机一起工作，在电台发射射频电流前自动将前置放大器从馈线中断开，实现收发信号顺序开展，时序控制器使用案例如图 5-29 所示。

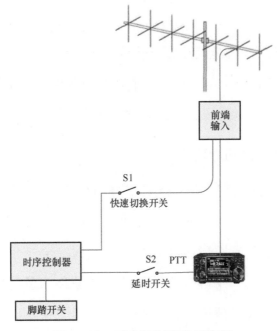

图 5-29　时序控制器使用案例

　　图 5-29 中，当操作者按下脚踏开关时，时序控制器被触发，它立即闭合开关 S1，激活天线上的接收前置放大器旁路继电器，实际上就是将放大器从馈线电路中切断。接着，时序控制器闭合开关 S2，它连接到收发信机的 PTT，控制电台发射射频信号。另外，一个比较简单的选

择是购买带有射频感应开关的前置放大器，它包含一个传感器，能检测到从电台传输来的射频信号，并立即切断电路，起到保护前置放大器的作用。

5.3.6 卫星工作状态的确定

在单信道卫星中，OSCAR-51 是最好的选择，很多情况下它作为一个 V/U 模式的中继，最好查看 AMSAT 的工作计划来确定它的当前状态。

目前，通过大量实验我们发现收不到部分卫星的信号，这可能和卫星的年限有关系，也可能和信号的功率有关系，还可能和星历更新不准确有关系。在实际开展实验时，要充分考虑以上情况。

5.3.7 多普勒频移的影响

当移动台以恒定的速率沿某一方向移动时，传播路程差会造成相位和频率的变化，当移动到波源前面时，波被压缩，波长变得较短，频率变得较高；当移动到波源后面时，会产生相反的效应，波长变得较长，频率变得较低，这种现象被称为多普勒效应，对无线电信号产生的效果被称为多普勒频移。当卫星从出现到最高处，UHF 段一般有 10kHz 左右的频移，VHF 段有 3kHz 左右的频移。卫星入境到出境，我们实际接收频率先是升高后降低。比如中心频率为 437.800MHz 的国际空间站（见表 5-1），入境时中心频率为 437.810MHz，升起时中心频率为 437.805MHz，最大仰角时接收的中心频率为 437.800MHz，下落时中心频率为 437.795MHz，出境时中心频率为 437.790MHz。发射频率的情况要反过来，卫星从入境到出境，实际发射频率先降低后升高。也可以使用计算机软件来实现自动多普勒频移。比如接收 SSTV 或 CW 信标信号时，天线使用 SDR 设备连接计算机，然后通过 Orbitron 与 SDR# 之间的 DDE 插件，来实现自动多普勒频移。

表 5-1　使用 ISS 空间站通联时收发频率设置情况

过程	发射频率 /MHz	接收频率 /MHz
刚出现	145.990	437.810
上升	145.990	437.805
最大仰角	145.990	437.800
下降	145.990	437.795
消失	145.990	437.790

因为多普勒频移的存在，接收设备需要不断调整中心频率，以跟踪实际的频率并准确解调。但是，多普勒频移的存在也并不一定都是坏事，可以通过计算实际产生的多普勒频移确定地球上发射台的位置。不同轨道的倾角不同、不同卫星的轨道高度不同导致卫星速率也不相同，所以产生的多普勒频移是不一样的。

为了精确计算不同轨道、不同接收位置产生的多普勒频移，我们可以对卫星和地球建立模型，仿真分析计算其多普勒频移和多普勒频移变化率随时间的变化情况。

可以看出，不同经纬度的接收地点产生的多普勒频移是有区别的，而且不同接收点产生的多普勒频移及其变化率也不尽相同。经仿真实验分析，以北京为中心，当其他接收点的经度和纬度与北京差 1° 时，多普勒频移差为几十至上百赫兹。

在通联实验中，我们需要根据接收地点通联卫星的情况准确设置发射和接收频率，以保证通联效果。

第六章　业余卫星通信发展现状

截至 2023 年 7 月，全球已经发射了数百颗业余卫星，当前在轨运行的业余卫星数量超过 40 颗，各国的业余卫星发展路径也各具特色。本章在梳理业余卫星通信相关组织和业余卫星爱好者工作内容的基础上，全面回顾了我国的第一颗业余卫星，介绍我国目前在轨和待部署的业余卫星；以美国和日本为代表，描述典型的在轨卫星；最后对业余卫星通信发展中我国和国外已退役的业余卫星进行介绍，使读者对业余卫星有系统全面的认识。

6.1　业余卫星通信相关国际组织

1969 年，来自美国的业余无线电爱好者成立了世界上第一个业余卫星组织——AMSAT。50 多年来，北美、欧洲和其他地区的 AMSAT 小组在空间科学、空间教育和空间技术方面发挥了重要作用，极大地推动了空间通信技术的发展。毫无疑问，AMSAT 志愿者和工程师们在世界各地所做的工作将继续对业余无线电和其他政府、科学、商业活动的未来产生积极、深远的影响。

- 北美业余无线电卫星组织（AMSAT）：作为一个教育组织，其目标是促进业余无线电爱好者参与空间研究和通信。AMSAT的成立是为了继续 1961 年开始的业余卫星事业，由位于美国西海岸的"奥斯卡计划"（Project OSCAR）组织发起。该组织于 1961 年 12 月 12 日建造并发射了世界上第一颗业余无线电卫星 OSCAR-1，而这距离苏联发射第一颗人造地球卫星"斯普特尼克 1 号"（Sputnik-1）仅 4 年时间。从那时起，AMSAT 陆续开始在许多国家发展起来。

- 各国业余无线电卫星协会（AMSAT-UK、AMSAT-FR、AMSAT-BR、AMSAT-DL、AMSAT-LU、AMSAT-INDIA、AMSAT-SA、TAMSAT 等）：旨在发展卫星和空间业余业务。它向业余无线电爱好者提供技术支持，使他们能够更好地利用业余卫星，为通联活动的实施提供指导和建议，并与业余爱好者或从事航天和航空技术的相关机构开展航天项目（如卫星、运载火箭）。

- 国际空间站业余无线电（ARISS）：让全世界的学生体验与国际空间站的宇航员直接交谈的兴奋感，激发他们追求科学、技术、工程和数学的兴趣，并通过业余无线电与无线电科学技术进行接触。

全世界的无线电爱好者在业余卫星组织的帮助下开展通联活动，并在不断学习中提升技术能力。

6.2　业余卫星通信爱好者的工作内容

国际电联的《无线电规则》第 1.56 款明确了卫星业余业务是供业

余无线电爱好者利用地球卫星进行自我训练、相互通信和技术研究的无线电通信业务。现有业余卫星通信（通联）活动围绕自我训练、相互通信和技术研究开展。

- 自我训练：国内外的卫星业余爱好者通过自己动手制作天线、跟踪卫星过境进行无线电通联、参与业余卫星制造项目，不断提高自身的无线电水平。

- 相互通信：业余卫星爱好者利用业余卫星进行远距离的通信，根据 AMSAT 官网记录，目前最远的通联距离于 2003 年申报，为 18730km，具体信息如下：AO-40 (U/S) – 18,730 km. ZL1AOX in RF72mv <> DJ5MN/MM in JM47ts. 24-Aug-2003 at 22:54 UTC. (Source ZL1AOX)。

- 技术研究：自第一颗业余卫星发射以来，业余卫星相关的技术有了长足的发展，全球的业余无线电爱好者都积极贡献了力量。从短寿命的业余小卫星，到允许用户在一个或多个地区同时进行通联的大卫星，技术发展和进步也带动了业余爱好者的不断探索和研究。

AMSAT 的现有项目见表 6-1。

表6-1 AMSAT 现有项目介绍

项目名称	项目简介	备注
AMSAT 教育	对于那些有着远大梦想和对科学、技术、工程和数学（STEM）感兴趣的青年来说，AMSAT 充满了成为航空航天和先进通信领域下一代创新者的机会	自我训练

项目名称	项目简介	备注
立方体卫星模拟器	AMSAT CubeSat 模拟器是 AMSAT 开发的一个低成本卫星模拟器，其包含太阳能电池和电池板，能传输 UHF 频段无线电遥测信号。该模拟器有一个 3D 打印框架，可以通过额外的传感器和模块进行功能扩展	自我训练
ARISS	ARISS 让全世界的学生体验到通过业余无线电与国际空间站的工作人员直接交谈的兴奋感	相互通信
GOLF 立方体卫星计划	AMSAT 立方体卫星计划的下一阶段，也是 AMSAT 战略目标的重要组成部分，涉及高轨、宽访问卫星任务。GOLF 将成为新技术的试验台，包括软件定义的微波转发器、姿态确定和控制系统等	技术研究

6.3 我国的第一颗业余卫星

研制我国自己的业余卫星的最初想法始于 1998 年，但由于各种原因进展缓慢。2005 年，中国航天科技集团有限公司第五研究院（中国空间技术研究院）提议，将研制业余卫星与该院倡导的公益小卫星计划相结合，重启我国的业余卫星计划，定名为 CAS-1。我国的第一颗业余卫星的总体设计和平台研制在 2006 年完成。

2007 年，业余卫星计划与公益小卫星计划结合的想法获得了中国航天科技集团有限公司、中国科学技术协会、中国宇航学会和北京奥组委认可，各方正式启动了"希望一号"卫星项目，这是我国第一颗业余无线电卫星，也是我国第一颗科普卫星。"希望一号"卫星结构如图 6-1 所示。

"希望一号"卫星于 2009 年 12 月 15 日在太原卫星发射中心搭载

"长征二号丙"运载火箭，"一箭双星"成功发射入轨。

2009年12月19日，业余卫星组织 AMSAT 把"希望一号"编为业余无线电卫星第68号，即 HO-68。"H"为"希望"的英文"HOPE"的第一个字母，"O"

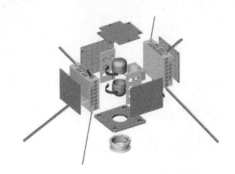

图 6-1 "希望一号"卫星结构爆炸图

是国际上对业余无线电卫星的统称"OSCAR"的第一个字母，这是我国的卫星第一次获得国际业余无线电界的编号。"希望一号"卫星的技术参数见表6-2。

表 6-2 我国的第一颗业余卫星的技术参数

卫星名称	希望一号（XW-1/CAS-1）	国际编号	HO-68
卫星形状	八面体柱形，质量约 60kg，星体高 480mm、包络直径 680mm	业余卫星载荷	一台业余无线电遥测信标机和 3 台业余无线电通信转发器
电源系统	星体结构由铝合金框架、承力板和整星蒙皮构成，卫星采用被动热控方式。砷化镓太阳能电池阵和锂离子电池联合供电	其他载荷	卫星还携带一台微型彩色宽视场 CMOS 摄像机和一个青少年科学实验装置
工作频率	遥测信标机工作在 UHF 频段，发射频率为 435.79MHz，射频输出功率约 200mW	工作模式	3 台转发器分别工作在调频中继模式、线性转发模式和数据存储转发模式
轨道参数	高度为 1200km，倾角为 105°，运行周期为 109min 的太阳同步轨道	调制方式	无调制载波、CW 和 AFSK 等方式；国际标准莫尔斯码发送，发送速率为 15Word/min

　　"希望一号"卫星的遥测信标信号每一次发送一个数据帧，发送时间约 40s，然后停止发送 10s，再发送下一个数据帧，周而复始。每个数据帧的遥测数据由星上微处理器实时更新。虽然"希望一号"卫星现在仅有一台信标发射机工作，但其优异的设计和稳定的性能，使其成为业余卫星中的长寿星，至今仍然在轨运行。

　　"希望一号"卫星遥测信标发送时序如图 6-2 所示。

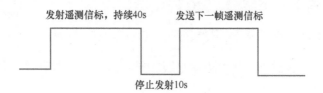

图 6-2　"希望一号"卫星的信标时序

6.4　我国业余卫星现状

6.4.1　我国业余卫星组织

　　1969 年，美国的业余无线电卫星组织 AMSAT-NA 在华盛顿哥伦比亚特区成立。国际上很多国家有自己的业余卫星组织，如英国的 AMSAT-UK、德国的 AMSAT-DL、巴西的 AMSAT-BR 和阿根廷的 AMSAT-LU。我国也成立了相应的业余卫星组织——CAMSAT。

　　各国的业余卫星组织独立运营，但也在很多大型项目上展开广泛的合作。如早期美国的爱好者和澳大利亚、日本，及欧洲国家的爱好者共同推进了业余卫星通信活动成为一种无线电业务。

业余卫星的发射和运营由我国的航天主管部门（国家航天局）审批，无线电频率和轨道资源的审批由频率主管部门（工业和信息化部）审批。为扩展卫星业余无线电活动的影响力，业余无线电分会在中国无线电协会的支持下成立，业余卫星的通联和活动在中国无线电协会业余无线电分会的指导下开展。

6.4.2　我国在用业余卫星

继 2009 年 12 月 15 日，我国发射了第一颗业余卫星——"希望一号"之后，又陆续发射了多颗业余卫星。

我国的业余卫星自 2015 年以来呈现出快速发展的趋势，随着我国业余卫星爱好者数量的不断增加，卫星业余业务在我国将有更大的发展空间。我国主要在轨业余卫星的发射情况如下。

2015 年 9 月 20 日，在太原卫星发射中心由"长征六号"火箭搭载 20 颗小卫星，其中包含航天东方红（现中国东方红卫星股份有限公司）的"希望二号"系列 6 颗星。

2016 年 11 月 10 日，"丰台少年一号暨少年梦想一号"在酒泉卫星发射中心，搭载"长征十一号"运载火箭发射升空，该星可以进行无线电信标发射和语音信号传递，供全世界的无线电爱好者搜寻其信号并接收语音信息。

2016 年 12 月 28 日，在太原卫星发射中心使用"长征二号丁"运载火箭成功将"八一·少年行"发射成功，该卫星将完成对地拍摄、无线电通信、音频和文件对地传输，以及小卫星的快速离轨试验。

2018年2月2日，"风马牛一号"和"少年星一号"搭载"长征二号丁"火箭在酒泉卫星发射中心发射升空。"风马牛一号"卫星用于公益活动和航天教育，"少年星一号"的主要任务是无线电存储及转发，并进行空间成像试验、物联网用户链路验证等。

2020年7月3日，"西柏坡号"科普卫星（八一02星）搭乘"长征四号乙"运载火箭在太原卫星发射中心升空，业余无线电爱好者可通过卫星开展语音转发和接收卫星遥测信号等实验。

2020年11月6日，"太原号"科普卫星（八一03星）搭乘"长征六号遥三"运载火箭在太原卫星发射中心升空，该卫星主要用于开展天体遥感观测、对地观测、天地协同编程教育等实验，为青少年学生提供航天科普和教育实践平台。

截至2021年6月，我国在轨的业余卫星共计10颗，分别是XW系列、CAS系列、LilacSat-2、FMN-1，详见表6-3。

表6-3　我国在轨的业余卫星及其操作者

卫星名称	数量	操作者
XW-2A、XW-2B、XW-2C、XW-2D、XW-2E、XW-2F	6颗	中国东方红卫星股份有限公司 中国业余卫星组织
CAS-4A、CAS-4B	2颗	珠海欧比特宇航科技股份有限公司
LilacSat-2	1颗	哈尔滨工业大学 中国业余卫星组织

6.4.2.1　XW-2（CAS-3）系列卫星

2015年9月20日上午7点1分，"希望二号"系列卫星在太原卫星发射中心升空。该系列共有 6 颗卫星，其中 XW-2A 为 20kg 级的皮卫星，XW-2B/2C/2D 为 3 颗 10kg 级的皮卫星，XW-2E/2F 为两颗千克级的立方星。"希望二号"系列卫星在为无线电爱好者提供通联卫星平台的同时，将在轨验证皮纳卫星系列产品，并进行大气密度测量等试验和支持开拓空间业余无线电活动。

图 6-3　XW-2A/CAS-3A 卫星外形

XW-2A/CAS-3A（见图 6-3）带有 U/V 模式 20kHz 带宽线性转发器，运行在 400km 高度的太阳同步轨道。

XW-2B/2C/2D（CAS-3B/3C/3D）（见图 6-4）是一组相同的卫星队列，都携带 U/V 模式 20kHz 线性转发器，运行在 500km 高度的太阳同步轨道。

XW-2E/2F（CAS-3E/3F）（见图 6-5）是两颗小卫星，同样携带 U/V 模式的 20kHz 线性转发器。

图 6-4　XW-2B/2C/2D（CAS-3B/3C/3D）卫星外形

图 6-5　XW-2E/2F（CAS-3E/3F）卫星外形

图 6-6 所示为"希望二号"系列卫星的频率配置情况。

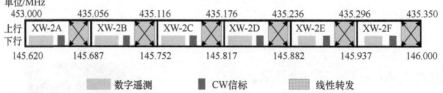

图 6-6 "希望二号"系列卫星频率配置示意图

"希望二号"卫星采用一体化设计，实现星上的电子设备标准化、星载设备通用化、星内设备无缆化。我国的相关机构通过"希望二号"系列卫星的研制，探索和实践了皮纳卫星的初步应用，实现了皮纳卫星在轨自主管理、多模式异构备份等技术，初步建立了通用化、标准化皮纳卫星产品体系和标准协议，为应用型皮纳卫星的后续发展和使用奠定了基础。

6.4.2.2　LilacSat-2（CAS-3H）卫星

LilacSat-2（CAS-3H）卫星，即"紫丁香二号"卫星，由哈尔滨工业大学研制，携带 V/U FM 转发器，目前运行在 500km 高度的太阳同步轨道上，其载荷架构如图 6-7 所示。LilacSat-2 与 XW-2 系列卫星使用同一颗"长征六号"火箭以一箭 20 星的形式成功发射。

"紫丁香二号"卫星主要目的在于构建飞行软件在轨的试验平台，用于分析空间单粒子效应对 FPGA 软件功能和性能的影响。同时，卫星也基于星上电子设备，进行全球航班 ADS-B 等状态信息监测和大型野生动物踪迹跟踪等任务。另外，卫星还携带了一个工业红外相机，探索采用纳卫星进行对地环境监测的可行性和有效性。

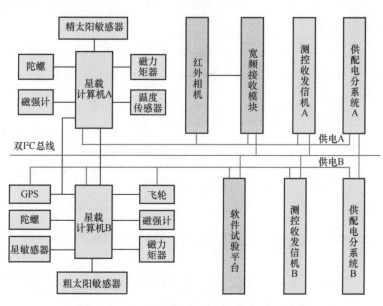

图 6-7 "紫丁香二号"卫星的载荷架构

"紫丁香二号"卫星的射频系统包括测控收发信机 A、测控收发信机 B、BD2/GPS 接收机、宽频接收模块和配属的天线，组成如图 6-8 所示。

测控收发信机 A：采用 IQ 零中频 / 低中频架构的 V/U 软件无线电收发信机，可实现多通道收发和对多种射频参数的灵活配置与切换，多模式业余无线电转发器也在其基础上实现。其下行模式包括 1.2/9.6kbit/s BPSK、1.2kbit/s MSK、1.2kbit/s AFSK、FM 等，最大输出功率为 27dBm；上行模式包括 AFSK、FM 等。

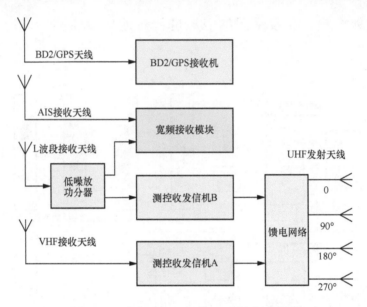

图6-8　"紫丁香二号"卫星的射频结构

测控收发信机B：是 L/U 波段的 FSK 收发信机，可全双工工作，其下行码速率为 1.2/4.8kbit/s，最大输出功率为 27dBm。

"紫丁香二号"卫星的 UHF 频段天线由 4 根倾斜的 1/4 波长振子组成双圆极化全向阵列；VHF 天线和 AIS 天线为使用钛镍记忆合金材料的 1/4 波长展开天线；L 波段天线和 BD2/GPS 天线为微带天线。

6.4.2.3　CAS-4 系列卫星

CAS-4 系列为搭载在遥感卫星上的卫星业余载荷，目前有 CAS-4A/4B 两颗在轨卫星。CAS-4A 和 CAS-4B 搭载在"珠海一号"卫星星座中的两颗遥感卫星 OVS-1A 和 OVS-1B 上（"珠海一号"卫星见图6-9），于 2017 年 6 月 15 日发射。卫星运行在 500km 高度的倾斜轨道上，卫星配备 U/V 段线性转发器（下行 145MHz 频段／上行

435MHz 频段），这两颗微小卫星还承担着光学遥感观测的任务。

图 6-9　"珠海一号"卫星

CAS-4A 线性转发器的下行频率为 145.87MHz，上行频率为 435.22MHz，遥测频率为 145.835MHz；CAS-4B 线性转发器的下行频率为 145.925MHz，上行频率为 435.28MHz，遥测频率为 145.89MHz。

6.4.2.4　FMN-1 卫星

2018 年 2 月 2 日 15 时 51 分，FMN-1 卫星（又称"风马牛一号"卫星）成功发射。"风马牛一号"外形与鞋盒大小相仿（见图 6-10），质量为 4kg，功耗为 8W。它配备了 4K 高清全景摄像头，可以呈现 360° 太空高清照片。

"风马牛一号"卫星是探索

图 6-10　"风马牛一号"卫星

空间业务新应用的一种尝试，该卫星搭载了业余无线电的载荷，能够为全球的业余卫星爱好者提供通联的平台，其上下行频率分别为145.945MHz 和 435.35MHz。

6.4.3 我国待部署卫星

规划中 CAS-8 卫星系统是由亚太空间合作组织（APSCO）发起的学生小卫星项目。CAS-8 卫星项目由 4 颗卫星组成，包括两颗 30kg 重的微卫星，一颗用于技术验证的实验微卫星 CAS-8A 和一颗初级微卫星 CAS-8B，还有两颗 3U 立方星 CAS-8C 和 CAS-8D（见表 6-4）。

表 6-4　CAS-8 系列 4 颗卫星预计的频率

卫星名称	上行频率 /MHz	下行频率 /MHz	遥测信标 /MHz	遥测频率 /MHz	图传频率 /MHz	星间链路 /MHz
CAS-8A	145.820	435.525	435.575	435.725	2405.100	2405.300
CAS-8B	145.855	435.610	435.580	435.750	2405.100	2405.300
CAS-8C	145.890	435.645	435.585	435.775	—	2405.300
CAS-8D	145.925	435.680	435.590	435.800	—	2405.300

CAS-8 卫星项目由北京航空航天大学牵头，与中国业余卫星组织 CAMSAT 合作，将业余无线电带入该项目，并将共同带领亚太空间合作组织其余 7 个成员完成该项目。

CAS-8A 将携 V/U 线性转发器、UHF 频段的 CW 信标和 AX.25 4k8/9k6 GMSK 遥测信标，以及 S 波段 192kbit/s GMSK 图像和 4k8/9k6 GMSK 遥测下行链路。

从发展历程来看，我国的业余卫星仍处于技术探索和积累阶段。发射模式多为搭载的方式，即在商业卫星上搭载业余卫星的转发器，为爱好者提供通联的平台。

从参与单位来看，业余卫星的研发既有卫星业余组织等应用实践组织，又有大学等科研技术探索机构，可以说对航天技术的实际落地具有重大的意义。

当前我国的业余卫星发展状况较好，不少商业卫星搭载了业余卫星的载荷，但浓厚的商业氛围可能会大幅降低业余卫星的搭载机会，成为爱好者探索空间通信技术的障碍。

6.5　国外业余卫星现状

6.5.1　美国业余卫星

美国的多数业余卫星会用 OSCAR 来进行命名，卫星名称和编号由北美业余无线电卫星组织进行分配。这些业余卫星可以由获得许可的业余无线电操作者免费用于语音（FM、SSB）和数据（AX.25、分组无线电、APRS）通信。

业余无线电卫星帮助推进卫星通信科学和技术发展，其贡献包括第一个卫星语音应答器（OSCAR-3）的开发，以及数字存储转发消息收发应答器技术的开发等。

自 1961 年 12 月 12 日美国加利福尼亚州范登堡空军基地发射了第一颗业余卫星 OSCAR-1 以来，美国的业余卫星可分为两个系列，第一个系列是 AMSAT-OSCAR，第二个系列是 Navy-OSCAR。

截至 2023 年，美国的在轨在用业余卫星统计见表 6-5。

表 6-5　美国在轨在用业余卫星

卫星名称	状态	发射日期
AMSAT-OSCAR 7	半运行	1974-11-15
AMSAT-OSCAR 16	半运行	1990-1-22
OSCAR 33	半运行	1998-10-24
Navy-OSCAR 44	半运行	2001-9-30
GeneSat-1	在运行	2006-12-16
CAPE 2	在运行	2013-11-20
OSCAR 76	在运行	2013-11-21
OSCAR 83	在运行	2015-5-20
OSCAR 84	在运行	2015-5-20
AMSAT-OSCAR 85	在运行	2015-10-8
AMSAT-OSCAR 91	在运行	2017-11-18
AMSAT-OSCAR 92	在运行	2017-1-12
AMSAT-OSCAR 95	在运行	2018-12-3
Navy-OSCAR 103	在运行	2019-6-25
Navy-OSCAR 104	在运行	2019-6-25

第一颗 OSCAR 卫星外形是一个重 10kg 的扇形盒子（30cm×25cm×12cm，见图 6-11），卫星有一个由电池供电的 140mW 发射机，工作于 144.983MHz 频段，采用了从凸面中心延伸 60cm 长的单极发射天线，但没有姿态控制系统。像人类历史上的第一颗人造卫星 Sputnik-1 一样，OSCAR-1 只携带一个简单的信标。OSCAR-1 在轨道

上运行的 3 周期间发送了莫尔斯码消息"HI"。

OSCAR-1 卫星的独特性在于它是由业余爱好者建造的世界上第一颗业余无线电卫星和世界上第一个非政府航天器。在 OSCAR-1 卫星发射后，时任美国副总统的林登·约翰逊（Lyndon B. Johnson）以祝贺电报的形式向赞助业余无线电卫星这一重大活动的小组致以敬意。

图 6-11　OSCAR-1 卫星的外观

接下来，我们在 AMSAT-OSCAR 系列和 Navy-OSCAR 系列中选取几个较有代表性的卫星进行介绍。

6.5.1.1　AMSAT-OSCAR 系列

AMSAT 是一个由业余无线电运营商 HAMS 组成的全球性组织。成立 40 多年来，AMSAT 主要利用志愿者提供的服务和捐赠的资源进行设计、建造，并在政府和商业机构的协助下，将卫星发射升空。截至 2023 年，AMSAT 已成功地将 60 多颗余无线电卫星发射到了地球轨道。

（1）AMSAT-OSCAR 7 卫星

AMSAT-OSCAR 7 卫星（见图 6-12），是 AMSAT 建造的第二颗第二阶段业余无线电卫星。它于 1974 年 11 月 15 日被发射到低地球轨道，一直运行到 1981 年电池故障。然后经过 21 年的明显沉默，在发射 27 年后的 2002 年 6 月 21 日，人们再次听到了该卫星的声音。

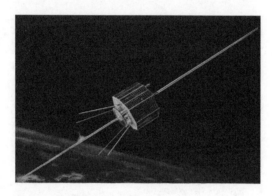

图 6-12　AMSAT-OSCAR 7 卫星

航天器上装有两个通信中继器，同时只能有一个处于工作状态。第一个是 OSCAR-6 任务中使用的高功率（2W）版本。该同相转发器接收 145.85MHz 和 145.95MHz 之间的上行链路信号，并在下行链路上 29.4MHz 和 29.5MHz 之间发送它们。200mW 遥测信标提供 29.502MHz 的遥测数据。对于 1W 的输出，在中继器输入端子处大约需要 −100dBm。这对应于 90W 地面的 EIRP，到卫星的距离约为 3218km，极化失配为 3 dB。

第二个中继器是由 AMSAT 的子公司 AMSAT Deutschland e.V. 在德国的马尔巴赫建造的，它是带宽为 40 kHz 的反相线性中继器。它使用了采用包络消除和恢复技术的 8W PEP 功率放大器，可在宽动态范围内以高效率保持线性工作。该转发器的上行链路从 432.125 MHz 到 432.175 MHz，下行链路从 145.975 MHz 到 145.925 MHz。由于上行链路频段与无线电定位服务共享，因此在转发器中并入了实验性脉冲抑制电路，以减少上行链路中宽带脉冲雷达干扰的影响。

（2）AMSAT-OSCAR 85 卫星

AMSAT-OSCAR 85 卫星（以前被称为 Fox-1A，见图 6-13）是 AMSAT 的 Fox-1 系列 1U 立方体卫星中的第一颗。作为 ELaNa XII 的一部分，AMSAT-OSCAR 85 卫星在加利福尼亚州范登堡空军基地发射的 NROL-55 上发射，它的倾角大约为 65°，在 518km×810km 的椭圆轨道上。

图 6-13　AMSAT-OSCAR 85 卫星

AMSAT-OSCAR 85 卫星带有一个功率为 800mW 的 U/V FM 中继器。上行链路计划频率为 435.18MHz，但初步报告表明，由于无法预料的温度差异，上行链路可能接近 435.172MHz。中继器的访问要求卫星接收 67.0 Hz 的 PL 音调持续 2s。如果卫星未接收到携带 67.0 Hz 的 PL 音调信号，则转发器将在 1min 后关闭。当中继器未通过携带 PL 音调的信号激活时，语音信标每 2min 发送一次。下行链路为 145.98MHz，包括与中继器同时进行的语音数据（DUV）FSK 遥测。9600bit/s 的高速数据下行链路可用于实验和高分辨率数据。

除了业余操作，航天器上会开展一些科学实验。例如范德堡大学的低能质子辐射实验，宾夕法尼亚州立大学的陀螺仪实验。

（3）AMSAT-OSCAR 91 卫星

AMSAT-OSCAR 91 卫星（见图 6-14）是 AMSAT 与范德堡大学合作建立的，拥有 4 个有效载荷，用于研究辐射对现成组件的辐射影响。该卫星于 2017 年 11 月 18日被发射，是 ELaNa XIV 任务的一部分，是运载联合极地卫星系统（JPSS-1）卫星进入轨道的德尔塔 -2 运载火箭的第二个有效载荷。

图 6-14　AMSAT-OSCAR 91 卫星

AMSAT-OSCAR 91 卫星还具有 Fox-1 型 U/V FM 中继器，其上行链路为 435.25MHz（67.0Hz CTCSS），下行链路为 145.96MHz。卫星和实验遥测通过 DUV 亚音频遥测流进行下行链路传输，并且可以使用 FoxTelem 软件进行解码。

6.5.1.2　Navy-OSCAR 系列

美国海军学院成立于 1845 年 10 月 10 日，Navy-OSCAR 系列卫星主要由美国海军学院发射和操作。

（1）Navy-OSCAR 44 卫星

Navy-OSCAR 44（也被称为 OSCAR-44 或者 NO-44）卫星是由美国海军学院制造的一颗业余卫星。该卫星在阿拉斯加航天基地于2001 年 9 月 30 日发射。

NO-44 卫星在 2m 波段有一个用于 APRS 的数字中继器，卫星外观如图 6-15 所示。

图 6-15　Navy-OSCAR 44 卫星

该卫星的下行链路为 145.825 MHz（FM、FSK，AX.25，1k2 and 9k6），但是该卫星存在极其严重的电池问题，每年需要将其电池进行 3 次重置。NO-44 卫星曾于 2003 年 4 月 26 日被宣告结束运转，但是该卫星在同年 9 月又重新恢复运转。

自从 2003 年以来，有关人员已经进行了许多尝试来恢复该卫星，但是始终未能将其完全恢复。NO-44 在有利的日晒条件下（通常在正午时分）会保持活跃 30 ～ 45min，随后随着功率下降，又会停止工作。

（2）Navy-OSCAR 104 卫星

PSAT-2 是美国海军学院的实验性业余无线电卫星，是与捷克共和国布尔诺理工大学合作开发的。AMSAT 北美的 OSCAR 号码管理员为该卫星分配了号码 104。因此，在业余无线电社区中，它也被称为 Navy-OSCAR 104，简称 NO-104（见图 6-16）。

图 6-16 Navy-OSCAR 104 卫星

PSAT-2 是一个学生卫星项目，它使用双向通信应答器，通过由志愿者建造的地球站连接至 Internet，来自全球的爱好者可实现远程数据源遥测，实现传感器和用户数据回传。该立方体卫星上的转发器具备遥测、命令和控制能力。

PSAT-2 的独特性是它具有 APRS 应答器和 PSK31 应答器，每个人都可以使用带有 DTMF 键盘的任何无线电设备和卫星进行 APRS 通信。

6.5.2 日本业余卫星

（1）FO-29 卫星

FO-29（JAS-2，见图 6-17）也被称为 Fuji-OSCAR 29 或"富士三号"，由日本业余无线电爱好者捐款，NEC 公司在横滨制造，日本宇宙航空研究开发机构测试。该星于 1996 年 8 月 17 上午 10 时 53 分从种子岛宇宙中心搭载 H2 火箭发射入轨，并于 38min 后进入轨道，几分钟后，在南极的昭和基地报告收到了信号。该卫星重 50kg，外形为直径 50cm 左右的多面体。FO-29 的轨道高度约 1300km，轨道倾角为 98°，近地点高约 800km，远地点高约 1300km，轨道平面

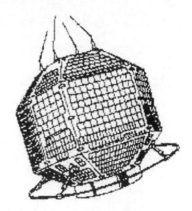

图 6-17　FO-29 卫星外形

大致与太阳同步，绕地一周耗时 112min。信标发射功率为 0.1W，转发器发射功率为 1W，不锈钢外壳上贴满太阳能电池板，总功率为 22W。

　　FO-29 星体经日本宇宙航空研究开发机构做振动、真空加热、残留磁场、动平衡、射线照射等多种测试，最后作为次要载荷搭载日本 ADEOS/H2 火箭从种子岛宇宙中心发射。FO-29 被安放在火箭中轴线的主载荷下方，所以要等主卫星被抛出后才能与火箭分离。

　　该卫星的信标：435.795MHz（CW）；转发器下行频率：435.8 ~ 435.9MHz（USB，CW）；转发器上行频率：145.9 ~ 146MHz（LSB，CW）；电台呼号：JJ1ZUT。

　　卫星控制室设在日本业余无线电联盟总部大楼 7 层的技术研究所。该控制室共有 5 个机柜和 4 台微型计算机，一个机柜为信号发生器机柜，一个安装多普勒频移测量系统，两个机柜各装一套无线电收发信机设备，互为备份，一个机柜安装遥测解码设备。

多普勒频移测量系统的主要作用是当卫星脱离火箭、进入轨道后无法再对其加以控制时，利用监测收到的卫星信标信号的多普勒频移，加以积累统计求出轨道位置，以便定期向业余无线电爱好者发布轨道参数。

无线电收发信机设备主要监测卫星发射信号的方向图，计算出卫星的姿态，技术人员用一台微型计算机发出控制指令，通过改变卫星控制线圈中的电流，利用线圈磁场与地球磁场间的相互作用力，推动卫星发生旋转，校正其姿态，使天线的方向始终对准地球。

遥测解码设备主要测量卫星的温度，在微型计算机上显示。

FO-29 上的转发器使用 1200/9600bit/s 的 PACKET 方式和 SSB 方式，不过它的数字化语音转发器（DigiTalk）也允许地面台使用 F3（调频）方式，这对于业余无线电爱好者来讲十分方便，因为 V/UHF 调频收发信机十分普及，而且卫星相对位置变化造成的多普勒频移在 F3 方式中敏感度较低，不加补偿卫星也可正常工作。目前已有不少爱好者使用 V/UHF 双频段手机和手持天线成功地通过 FO-29 进行了联络。

（2）FO-99 卫星

FO-99（见图 6-18）又被称为 Fuji-OSCAR 99 或 NEXUS，于 2019 年 1 月 18 日在日本鹿儿岛县内之浦航天中心搭载"伊普西龙"火箭升空。该星质量为 1.24kg，规格尺寸为 100mm×100mm×113.5mm，是由日本大学科学技术学院和日本业余卫星组织

图 6-18　FO-99 卫星

（JAMSAT）联合研制的一颗卫星。轨道平面大致与太阳同步，倾角为97.32°，近地点高约476km，远地点高约506km。

FO-99携带的设备有 π/4QPSK 位移发射机、FSK 发射机、线性转发器、摄像机系统。该卫星使用了几种新的业余卫星通信技术，包括一个 V/U 模式线性转发器。转发器于2019年1月26日成功测试，全球已经接收并解码了遥测数据。

该卫星的遥测频率：437.075MHz（CW）；下行频率：435.88～435.91MHz；上行频率：145.9～145.93MHz；呼号：JS1YAV；空间飞行器目录编号：43937；国际卫星标识符：03-F；空间飞行器目录名称：NEXUS。

从图6-19中可以看到，NEXUS 是一个获取和存储传感器数据等的系统，将数据传输到地球站，并另外管理任务设备的操作。它采集的数据大致分为3种，即 HK 数据、图像数据、电场强度（FI）数据，所有这些数据都保存在 C&DH 系统中。它从存储的数据中创建 FMR

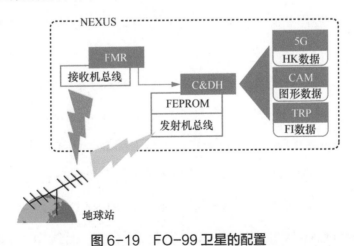

图6-19　FO-99卫星的配置

数据包并将其发送到地球站，也可以实时发送 HK 数据。

（3）CubeSat XI-IV 卫星

CubeSat XI-IV（简称 XI-IV，又称 CO-57 或 CubeSat-OSCAR 57，见图 6-20）是由日本东京大学研制

图 6-20　CubeSat XI-IV 卫星

的导航技术卫星，主要由东京大学进行导航技术测试。于 2003 年 6 月 30 日在俄罗斯普列谢茨克航天发射基地搭载"呼啸号"运载火箭入轨。该星质量为 1kg，规格尺寸为 100mm×100mm×100mm，轨道近地点高度为 813km，远地点高度为 825km，轨道倾角为 98.7°，轨道周期为 101.3min，主要材料为铝，功率为 1.1kW。

XI-IV 自入轨以来一直处于非常良好的工作状态，成功地执行各种在轨实验，目的是对微小卫星的关键技术进行验收和测试，检验商用原器件的应用性能，包括传感器数据采集、姿态估计运动和地球成像等。

该卫星的上行链路：145MHz（飞行模式），1200bit/s；信标：436.848 MHz CW，80mW；下行链路：437MHz FM，1200bit/s 800mW；模式：1200bit/s AFSK CW；天线：上行为单极子天线，下行为双极子天线；呼号：JQ1YCW；空间飞行器目录编号：27848；国际卫星识别符：2003-031-J；空间飞行器目录名称：CUBESAT XI-IV。

CubeSat XI-IV 的数据格式已向公众开放，无线电业余爱好者

可以按照业余卫星条例进行联通和数据下载。CubeSat XI-IV 连接到 BREEZE-KM 的适配器部分采用东京大学学生开发的盒式分离系统。该卫星的主要使命及工作方式如下。

- 空间工程的教育。
- 在轨演示纳卫星和皮卫星驱动技术。
- 使用业余频率实现射频通信实验。
- 采用互监电流实现保护电路单事件锁定（SEL）/单事件翻转（SEU）。
- 采用尺寸小、重量轻、功耗低的射频发射机实现调频分组和 CW 信标传输。
- 锂电池和充放电控制电路。
- CMOS 摄像控制电路。
- 采用磁滞阻尼器控制卫星动姿态。

（4）CubeSat XI-V 卫星

CubeSat XI-V（简称 XI-V，又称 CubeSat-OSCAR 58 或 CO-58，见图 6-21）由日本东京大学研制，于 2005 年 10 月 27 日在俄罗斯普列谢茨克航天发射基地搭载"宇宙 -3M"运载火箭入轨。该星重 1kg，规格尺寸为 100mm×100mm×100mm，轨道近地点高度为 668km，远地点高度为

图 6-21　CubeSat XI-V
卫星飞行示意图

693km，轨道倾角为 98°，轨道周期为 98.7min，卫星的主要材料为铝。

XI-V 相对于 XI-IV 的最主要的一个优势是，星载摄像机像素极大的提升，XI-IV 的图像像素大小为 128 像素 ×120 像素，XI-V 的摄像机像素大小为 320 像素 ×240 像素，有效的程序使其在有限的内存下将这种技术变成可能；它还有可以连续拍照的模式，实现 200ms 的时间间隔连续拍摄 8 张照片；它的第三个使命是为广大公众服务。XI-V 具有将载波信号编译为莫尔斯码传输，并存储于卫星 ROM 的能力。ROM 上的信息是从世界各地收集的，并可以连接到卫星，供爱好者下载。

该卫星的下行链路频率：437.345 MHz；信标频率：437.465 MHz；模式：1200bit/s AFSK CW；呼号：JQ1YGW；空间飞行器目录编号：28895；国际卫星标识符：2005-043-F；空间飞行器目录名称：CUBESAT XI-V。

6.6 退役的业余卫星

6.6.1 我国退役的业余卫星

我国的卫星业余业务发展迅速，至今有多颗卫星已退役，分别为 CAS-2、CAS-6、CAS-7 系列以及 DSLWP-A 和 DSLWP-B 卫星，具体如下。

（1）CAS-2 系列卫星

原计划在 2015 年发射的 CSA-2A1 和 CSA-2A2 两颗卫星，由 CAS-3 系列卫星取代。该系列中的 CAS-2T 卫星即"丰台少年一号暨少年梦想一号"卫星，是一颗搭载了卫星业余无线电载荷技术验证的卫星。

（2）CAS-6 系列卫星

CAS-6（Tianqi-1/TQ-OSCAR-108/TO-108）卫星是一颗搭载业余无线电载荷的引力波探测实验卫星，于 2019 年 12 月 20 日发射升空。该卫星由中国东方红卫星股份有限公司为中山大学和华中科技大学建造，卫星尺寸为 490mm×499mm×430mm，质量约为 35kg，搭载 VHF 频段 CW 遥测信标和 U/V 模式带宽为 20kHz 的线性转发器以及大气风（Atmospheric Wind）探测器。

CAS-6 卫星搭载的"长征十一号"运载火箭，是我国首次尝试海上发射的火箭，具有里程碑意义。

（3）CAS-7 系列卫星

CAS-7B（BP-1B）是一颗融合了教育意义的业余无线电卫星。中国业余卫星组织 CAMSAT 与北京理工大学合作，为卫星的发射提供支持。北京理工大学的许多教师和学生参与了卫星的开发和测试。CAS-7B 于 2019 年 7 月底发射进入预定轨道。

在 CAMSAT 的帮助下，北京理工大学成立了业余无线电俱乐部（呼号：BI1LG），大学生通过学习业余卫星通信相关的知识，在体验无尽乐趣的同时，激发了对太空的向往，这为以后的学习提供了良好的实践基础。图 6-22 所示为 CAS-7B 卫星实验图。

图 6-22　CAS-7B 卫星实验图

CAS-7B（BP-1B）OSCAR 编 号 为 BIT Progress-OSCAR 102（BO-102），它于 2019 年 7 月 25 日下午 1 时在酒泉发射升空，卫星轨道设计寿命为 7 天至 1 个月。CAS-7B（BP-1B），又称"北理工一号"卫星，由北京理工大学抓总研制，其基本构成包括空间业余无线电台、帆球及充气装置、柔性太阳电池阵和柔性缆等。卫星质量约为 3kg，直径为 500mm。该卫星的研制为学生提供了设计、测试、发射和应用等相关知识技术的学习机会，为学生体验卫星业余无线电通信、为国内外爱好者提供了新的卫星平台。

CAS-7B 为 1.5U 立方体卫星，卫星一面由直径为 500mm，质量约为 3kg 的软性薄膜球覆盖，并利用气动阻力帆被动控制轨道来保持稳定运行在 300km 高度的圆轨道，轨道倾角为 42.7°。该卫星配备了一副 VHF 频段 1/4 波长的单极子天线，两幅 UHF 频段 1/4 波长单极子天线。图 6-23 所示为该卫星飞行效果图。

图 6-23　CAS-7B 卫星飞行效果图（来源：北京理工大学官网）

作为一颗科学技术验证的微型卫星，CAS-7B 完成了两项具有创新性的科研验证任务，即帆球技术和新型空间电台技术，这是我国第一次在太空发射任务中使用和验证空间帆球技术。

帆球技术是将柔性材质的航天材料以折叠方式存放于卫星舱内，当卫星正常入轨之后，释放柔性材料并将其展开膨胀成为球状，球状结构的体积比卫星大数倍，如同为卫星展开一面风帆。未来，帆球技术将直接服务于小天体探测等深空探测任务。

（4）DSLWP-A 和 DSLWP-B 卫星

中国 DSLWP-A 和 DSLWP-B 微型卫星被授予了 OSCAR 编号，DSLWP-A 的编号为 Lunar-OSCAR 93（LO-93），DSLWP-B 的编号为 Lunar-OSCAR 94（LO-94）。这两颗卫星于 2018 年 5 月 18 日由一架 CZ-4C 运载火箭成功发射，被送入地月转移轨道。尽管 DSLWP-A 在第二天就失去了信号，但一开始地面收到了两颗卫星遥测信号。2018 年 5 月 25 日，DSLWP-B 成功进入月球轨道并继续传输 GMSK 和 JT4G 遥测，包括 SSDV 数字图像和短消息中继服务。

DSLWP-A 和 DSLWP-B 也被称为"龙江一号"和"龙江二号"，"双龙江"航天器设计用于编队飞行，以验证低频射电天文学观测技术，类似于"鹊桥"中继卫星上的荷兰实验目标。微型卫星还携带来自沙特阿拉伯的光学照相机，这是中国太空计划扩大国际伙伴关系组合的又一个例子，但它于 2019 年 7 月 31 日被废弃。

6.6.2　国外退役的业余卫星

业余卫星根据其在空间有效运行时间可以分为 3 个阶段，第 1 阶段从 1961 年到 1972 年，这一时期的业余卫星寿命很短，大多只有二三十天，主要用于卫星技术试验，参与通信的业余无线电爱好者人数为几百至几千人。第 2 阶段从 1972 年到 1980 年，卫星达到了更长的使用时间，且有较强的通信能力，运行的轨道多为低地球轨道，更多的业余无线电爱好者加入业余卫星通信的行列。第 3 阶段从 1980 年至今，业余卫星通信的时代到来，向更高、更强发展，卫星寿命达十几年甚至二十余年。截至今天，20 世纪发射的业余卫星几乎全部被废弃。本节主要讲述几颗较为典型的废弃业余卫星。

（1）OSCAR-1 卫星

1961 年 12 月 12 日美国发射世界第一颗业余卫星 OSCAR-1，它于加利福尼亚州的范登堡空军基地升空且成功入轨。该星形状像扇形的盒子，约长 30cm× 宽 25cm× 高 12cm，重 4.5kg。它是由一群业余无线电工作者自发研制的。该星携带一个小信标发射器，主要用于测量无线电在电离层中的传播情况，同时还实现传送包含卫星内部温度的遥测信息。

这颗卫星只有一个单极子天线，长约 60cm，从较大正方形的凸面中心延伸。航天器由电池供电，机载 140mW 的发射器在 3 周后就把电池耗尽了，温度控制采用反射条纹法，无姿态控制系统。据报道，1962 年 1 月 1 日，28 个国家的 570 名业余爱好者在 VHF 2m 波段（144.983MHz）收到了简单的"HI"莫尔斯码。1962 年 1 月 31 日，OSCAR-1 在经历 312 次旋转后重新进入大气层。

（2）OSCAR-2 卫星

OSCAR-2（见图6-24）于1962年6月2日在加利福尼亚州范登堡空军基地搭乘Agena-B型运载火箭升空并进入运行轨道。该星和OSCAR-1由同一组织设计制造，它相对OSCAR-1而言有很多项有所改进。其中一项升级是改进了内部温度感应机制，提高了感应准确度；

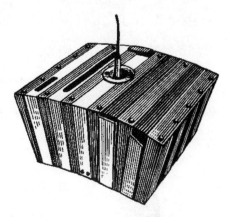

图6-24　OSCAR-2卫星外形

另一项升级是修改了卫星的外部保护层，以确保内部能保持较低的温度；还有一项是修改降低了信标发射机的输出功率低至100 mW，用来延长卫星电池的使用寿命。

（3）OSCAR-5卫星

OSCAR-5又被称为Australis-OSCAR-S，于1970年1月23日从加利福尼亚州的范登堡空军基地发射升空，搭乘运载美国气象卫星的Delta火箭到达1488km高的极地轨道。它是由宇航部门和澳大利亚墨尔本大学无线电俱乐部的学生设计建造的。该星在29MHz和144MHz传输遥测信标数据，也是第一颗从地面控制的业余卫星，它有一个遥控指令接收机，可以让地球站控制卫星上的29MHz信标发射机。OSCAR-5未携带转发器，所以它不能用来做中继通信。但是它安装了一个创新性的磁场姿态稳定系统。

（4）RS-1和RS-2卫星

RS-1和RS-2（见图6-25）也被称为Radio-1和Radio-2，它们

于 1978 年 10 月 26 日在苏联北部的普列谢茨克航天发射基地搭载一枚 F-2 型火箭升空，进入距地球约 1600km 的椭圆轨道，绕地球一圈约为 120min。这两颗卫星都携带 29 ~ 145MHz 的转发器，都采用莫尔斯码传送温度和电压遥测信号，都有太阳能电池和"Codestore"存储转发邮件系统，在莫斯科、新西伯利亚和符拉迪沃斯托克建有地面控制站。

图 6-25　RS-1 和 RS-2 卫星

RS-1 和 RS-2 有灵敏度非常高的接收机和防止有人使用大的上行功率保护接收机的过载断路器（类似的设备后来被用在 OSCAR-40）。这个断路器只能在卫星覆盖苏联的时候被重置。然而，西方的"火腿"们有时用数百瓦的功率（没必要的）来发射，这种不间断地触发断路器的动作造成卫星被关闭。RS-1 只工作了几个月，但是 RS-2 却一直工作，直到 1981 年被废弃。

（5）Iskra-1 卫星

苏联在 20 世纪 80 年代也开始忙于自己的业余卫星项目，大多数苏联的业余无线电卫星被称为 Radion Sputnik（无线电人造地球卫星），但是有一个系列的卫星被称为 Iskra,其含义是"火花"。莫斯科航空研究所的学生业余无线电爱好者们制造了 28kg 的 Iskra-1(见图 6-26)。这颗卫星有太阳能供电的转发器、遥测信标、地面指令信道、存储转发信息公告板和星载计算机。Iskra-1 的转发器在 21MHz 和 28MHz 传输信号,它的遥测信号在 29MHz 附近。卫星通过莫斯科和卡卢加的地球站控制,其目的是促进保加利亚、古巴、匈牙利、老挝、蒙古、波兰、罗马尼亚、苏联还有越南的"火腿"们通联。

图 6-26 苏联的 Iskra-1 业余卫星

Iskra-1 于 1981 年 7 月 10 日从北部的普列谢茨克航天中心发射基地由 A-1 火箭送到 680km 高的极地轨道。在运行了 13 周以后于 1981 年 10 月 7 日因坠入大气层而被烧毁。

(6)UoSAT-OSCAR 9 卫星

英国的第一颗业余无线电卫星是 UoSAT-OSCAR 9,也被称作 UO-9(见图 6-27),是英国萨里大学的学生设计的。其实"UoSAT"就是"University of Surrey Satellite"(萨里大学的卫星)的简称。这颗重 52kg 的科学教育卫星于 1981 年 10 月 6 日在美国加利福尼亚州范登堡空军基地由 Delta 火箭送入 547km 高的极地轨道。

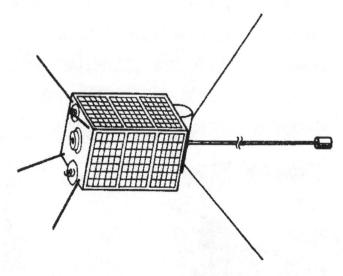

图 6-27　UO-9 卫星

虽然 UoSAT-OSCAR 9 没有携带通信转发器，但是它可以发送数据，并且将携带的电视摄像机拍摄的图像传输回地球。这颗卫星装有一个最早期的 CCD 阵列，它组成了首个用来防止荒漠化的低成本空间电视摄像机。相对于早期的技术来说，它拍摄并传送的空间图像是非常壮观的。UO-9 卫星的摄像机并没有稳定地指向地球，所以传送的照片所涵盖的区域也是随机的。

UO-9 卫星上带有磁力计和辐射探测仪，此外还带有两台粒子计数器用来测量太阳活动和极光对无线电信号的影响。UO-9 卫星还装载了具有 150 个词汇的语音合成器，用来报告卫星的状况。它还在 145MHz 和 435MHz 发射用于传播发射的信标，另外在 7MHz、14MHz、21MHz、28MHz 的短波频率和 2GHz 和 10GHz 的微波频率发射信标。

在 1982 年由于软件错误，145MHz 和 435MHz 的信标同时被错误地开启，导致卫星的接收机被自己的发射阻塞，萨里大学的"火腿"们呼吁斯坦福大学和加州的业余无线电爱好者对卫星实施干预。斯坦福大学的"火腿"们使用 43m 的蝶形天线以 15mW 的功率向卫星发射信号，这一办法后来让卫星恢复了控制。

UO-9 在经过 7 年多可靠的运行服务后于 1989 年 10 月 13 日坠入大气层被烧毁。

（7）Starshine-OSCAR 43 卫星

Starshine-OSCAR 43 卫星是一颗篮球状的卫星（见图 6-28）。卫星上安装有美国及其他 25 个国家和地区约 4 万名学生志愿者制造的抛光铝质反射镜。该星的首要任务是用于学校对孩子们进行航天与无线电科学教育。学生们帮助建造的 Starshine，使他们能够在早上或傍晚通过直观地目视跟踪到卫星。通过记录其反射镜所反射的闪烁光芒来形成报告，并提交给 Starshine 项目总部。

图 6-28　Starshine-OSCAR 43 卫星

Starshine-OSCAR 43 可以在业余频率上发射遥测信号，它于 2002 年 1 月 9 日被废弃。

（8）Radio sputnik 21/Kolibri-2000 卫星

Radio sputnik 21/Kolibri-2000 卫星（见图 6-29）是一颗极小的教育卫星，拥有短暂但有趣的一生。它是在俄罗斯科学院空间研究所建造的，塔鲁萨、卡卢加研究所也参与其中，悉尼和奥布宁斯克的学生将其命名为 Kolibri-2000（Kolibri 的意思是"蜂鸟"）。该卫星搭乘"进步号"M-17 货运飞船于 2001 年 12 月抵达国际空间站，后于 2002 年 3 月 20 日火箭点火离开时，20kg 重的 Kolibri-2000 同时被送入太空。Kolibri-2000 在空间中缓慢下降，环绕地球旋转 711 圈次。它是在 145.825MHz 的下行频率发送遥测数据和数字语音信息的。经历 4 个月后进入大气层被烧毁，于 2002 年 5 月 4 日被弃用。

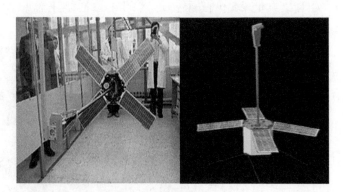

图 6-29　Radio sputnik 21/Kolibri-2000 卫星

（9）CubeSat-OSCAR 56/HITSat-OSCAR 59 卫星

日本的 CubeSat-OSCAR 56 卫星（见图 6-30），于 2006 年 2 月

21 日从内之浦航天中心搭乘 JAXA 的 M-5 火箭升空，这是日本东京工业大学太空系统实验室的一个项目，CubeSat-OSCAR 56 于 2009 年 10 月 25 日被废弃。

HITSat-OSCAR 59（见图 6-31）于 2006 年 9 月 22 日从内之浦航天中心搭乘 JAXA 的 M-5 火箭升空，它带有一个 1200 波特的数字无线分组 BBS 系统。HITSat-OSCAR 59 卫星在 2008 年 6 月进入大气层被烧毁。

图 6-30　CubeSat-OSCAR 56 卫星　　图 6-31　HITSat-OSCAR 59 卫星

（10）ARISSat-1 卫星

2011 年 1 月，ARISSat-1 被装到俄罗斯的"进步号"货运飞船 09M 上，从哈萨克斯坦发射送入 ISS。这次业余无线电实验于 2011 年 2 月在 ISS 上的 EVA 28 号任务中开展，一切按计划进行，15min 后它被送入轨道后开始全面运转起来。

ARISSat-1 基本上是一个内布装有多个模块的铝质框架。它的总体尺寸是由长约 48cm、宽约 27cm 的太阳能电池板决定的。这些太阳能电池板被安装在飞行器的 4 个侧面和顶面、底面上。其中的模块包含了各种各样的子系统电路，这些电路相互连接，提供了卫星在轨道上所需要实现的功能（见图 6-32）。

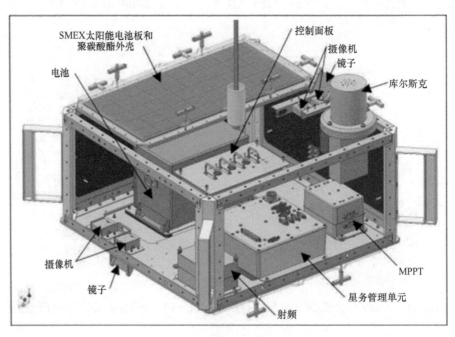

图 6-32　ARISSat-1 星体内部构造

它有 6 块太阳能电池板，4 个侧面再加上顶面和底面各有一块。每一块电池板都可以产生 50V 的电压和超过 19W 的功率。每块电池板的输出都连在了各自的电路上，而这些电路都位于最大功率点跟踪（MPPT）器模块中，该模块会对每块板的供电进行优化。来自太阳能电池板的电力会被用于卫星的运转和电池的充电。当航天器处在黑暗（日食）之中时，是否能从充满电的电池中获取能量就尤为重要了。

在飞行器中有一个射频模块，内含一个 2m 波段的通信发射机，它与安装于卫星顶部面板上的鞭状天线连接在一起，而 70cm 波段的接收机则与底部面板上的鞭状天线相连。这个模块还包含了一个 SSB/CW 转发器，只要用不到 5W 的功率就能轻易地与它通联。在射频模块中还有一个 70cm 波段的指令接收机，它时时刻刻在监听着来自业余无线电台（充当地面控制电台）的命令。除了搭载的无限电装置，这颗卫星在航天器的顶部和底部总共安装了 4 台摄像机。这些摄像机会在卫星马上就要出发的时候被启动，用于拍摄在之后进行的无线电发射部署工作的照片。当卫星在轨道上运行时，它们也会继续工作，通过慢扫描电视（SSTV）将地球和太空的照片发送给具有相应设备和功能的电台。在顶部面板上，有一个突出来的像是顶银色"礼帽"的东西，那就是库尔斯克科学实验的装置。这是由俄罗斯库尔斯克国立技术大学的学生开发的一项实验，其目的是在 ARISSat-1 不断地缓缓朝着地球大气层坠落的过程中，定期测量真空度。

星务管理单元（或称 IHU）是这颗卫星的处理中心。所有来自各模块的模拟和数字信号都会在这里被中转和转换成进行某项任务所需的可用形式。该单元的主"大脑"是 PIC32MX 处理器，它提供了卫星系统的整体控制功能，还会生成遥测数据，报告航天器的状态。而第二块 PIC32MX 就是首个搭载在业余无线电卫星上的软件定义转发器（SDX）。

该卫星在 FM 语音频段 145.95MHz 上传输来自 4 个机载摄像

机的实时 SSTV 图像和 15 种语言的 24 个问候。BPSK-1000 信号在 145.92MHz 上作为 SSB 下行链路传输，其 CW 信号低于 BPSK 信号，用作 BPSK 信号的调谐指标。那些在太空无线电中发挥作用的遥测和业余无线电呼号将以 145.919MHz 的频率发送，ARISSat-1 上行链路和下行链路频段规划如图 6-33 所示。该卫星于 2012 年 1 月被废弃。

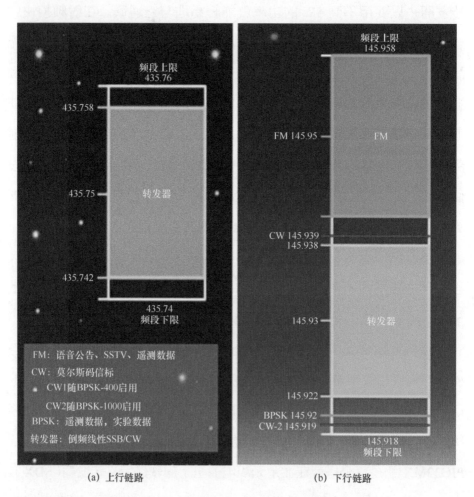

(a) 上行链路 (b) 下行链路

图 6-33 ARISSat-1 上行链路和下行链路频段规划（单位：MHz）

（11）MaSat-OSCAR-72 卫星

MaSat-OSCAR-72（又称 MO-72 或 MaSat-1，见图 6-34）于 2012 年 2 月 13 日从法属圭亚那升空入轨。MO-72 是匈牙利布达佩斯科技经济大学的 CubeSat 项目（匈牙利语缩写为 BME，英语缩写为 BUTE）。其目标是向本科生介绍电路设计，以及培养足够数量的空间专家，从而促进未来的空间发展选择过程。任务目标是演示各种航天器航空电子设备，包括电源调节系统、收发器和机载数据处理。MO-72 于 2015 年 1 月 9 日被废弃。

图 6-34　MO-72 卫星

（12）MO-76 卫星

MO-76（又称 $50SAT 或 Eagle-2，见图 6-35）于 2013 年 11 月 21 日发射升空。该项目的主要目的是看是否可以按照 PocketQube 标准使用现成的商用组件制造一颗可行的卫星，PocketQube 标准是 50mm 立方体。

图 6-35　MO-76 卫星

　　$50SAT 是开发团队给卫星起的名称，卫星的官方名称为 Eagle-2，团队是 Howie DeFelice-AB2S、Michael Kirkhart-KD8QBA 和 Stuart Robinson-GW7HPW。项目团队庆祝该星在轨 90 天时，向所有感兴趣的业余爱好者提出一项技术挑战。$50SAT 通过以慢速 FM 莫尔斯码发送接收包 RSSI 来响应上行链路命令包、3 个开放包和测试包，同时可以请求发送正常数据包。任何人只要能通过提交响应包的记录和联系的日期、时间和地点来证实命令上传成功，就将收到由 3 个建设者签署的 $50SAT 的技术成就证书。该星于 2018 年 5 月 19 日被弃用。

参考文献

[1]   国际电信联盟. 无线电规则[EB]. 2020.

[2]   中央军事委员会. 中华人民共和国无线电管理条例[EB]. 2016.

[3]   工业和信息化部. 中华人民共和国无线电频率划分规定[EB]. 2010.

[4]   工业和信息化部. 业余无线电台管理办法[EB]. 2012.

[5]   信息产业部. 设置卫星网络空间电台管理规定[EB]. 1999.

[6]   工业和信息化部. 建立卫星通信网和设置使用地球站管理规定[EB]. 2009.

[7]   业余卫星通信手册[M]. Steve Ford (WB8IMY). 陈荣标, 王龙, 张宏伟, 等译. 北京: 人民邮电出版社, 2012.

[8]   徐雷, 尤启迪, 石云, 等. 卫星通信系统技术与系统[M]. 哈尔滨: 哈尔滨工业大学出版社, 2019.

[9]   赵翔宇, 金小军, 韩柯, 等. 皮卫星电源系统的设计与仿真[J]. 浙江大学学报(工学版), 2009, 43(2): 228-233.

[10]   石海平, 付林春, 张晓峰. 立方体卫星电源系统及关键技术[J]. 航天器工程, 2016, 25(3): 115-122.

[11]   巩巍, 李龙飞. 立方体卫星电源系统技术综述[J]. 国际太空, 2016: 75-77.

[12] 朱振才. 微小卫星总体设计与工程实践[M]. 北京: 科学出版社, 2016.

[13] 文翰墨. 最新业余卫星JAS-2[J]. 业余电台之友, 1997(1): 43-44.

[14] 戴维·乔丹. ARISSat-1业余卫星的故事[J]. 电子制作, 2012(8): 14-18.

[15] 航天任务分析与系统设计[EB]. 2012.